歴群[図解]マスター

日本海軍

歴史群像編集部 編

Gakken

はじめに

日本海軍（大日本帝国海軍）は、明治3年（1870）に兵部省の下に海軍掛が置かれた時に創設されたと捉えると、昭和20年（1945）に太平洋戦争の敗戦によって解体消滅するまで、75年間存在したことになります。すなわち、イギリスを中心とする列強海軍をお手本に組織や軍備の土台を整え、日清、日露の両戦争の勝利を通じて成長し、第一次大戦後、ついには米英に次ぐ世界第三位の海軍となりました。この時期が日本海軍の絶頂期であったといえるでしょう。その後、「海軍休日」と言われた軍縮期に入り、表向きは平和な時代となりましたが、軍縮条約の破棄以降、一気に軍拡を進め、ついには中国、さらには米英オランダとの無謀な戦争に突入、戦力を消耗し続けた果てに敗れました。その結果、軍令部は解体、海軍省もGHQの命令で復員事務を扱う第二復員省に改編されて消滅し、その歴史に幕を閉じました。

ざっと海軍の歴史の概略を追ってみましたが、日本海軍と聞いてみなさんは何を思い浮かべるでしょうか。戦艦「大和」や「零戦」といった兵器、東郷平八郎や山本五十六などの指揮官、あるいは日本海海戦やミッドウェー海戦などの作戦、人によっては、八八艦隊計画を始めとする軍備計画、あるいは「用兵綱領」や「海戦要務令」といったドクトリンかもしれません。

本書はこうした日本海軍のさまざまな側面に光をあて——海軍を一人の人間に譬えるならば——、その「人となり」を明らかにする目的で企画されました。

各項目の執筆は、それぞれのジャンルに詳しい6人の専門家に分担して執筆して頂きました。頭から順番に読んで頂くと全体像が捉えやすいように構成しておりますが、もちろんご興味をお持ちの項目からお読みいただいてもよいかもしれません。また、本文中の太字の語句は巻末の索引に掲載されていますので、索引を引いてご興味のある項目を選んでお読みいただくこともできます。

読者の皆様にとって本書が、日本海軍の理解の一助になればうれしい限りです。

2010年10月　学研 歴史群像編集部

目次

［第三章］ 戦略・ドクトリン・作戦構想

［第四章］ 兵器と装備① 役割と発達

［第五章］兵器と装備② 開発と生産

［第六章］科・階級・教育

［第七章］作戦史

筆者紹介および執筆担当頁(五十音順)

有坂純 (ありさかじゅん)

慶應義塾大学大学院史学科博士課程修了。専門は西欧近世軍事史。雑誌「歴史群像」を中心に寄稿。著書に、『世界戦史―歴史を動かした7つの戦い』(学研M文庫)、『世界戦史2 英雄かく戦えり』(学研M文庫、共著)

●第1章16～27頁、第6章158～165頁の執筆を担当。

大塚好古 (おおつかよしふる)

昭和40年(1965)生まれ。兵器・戦史研究家。主として海軍艦艇とその装備と戦史研究。雑誌「丸」「世界の艦船」「軍事研究」などに寄稿。著書に歴史群像・太平洋戦史シリーズ『日米空母決戦・ミッドウェー』、同『徹底比較・日米潜水艦』(小社)ほかがある。

●第3章すべて、第6章166～185頁の執筆を担当。

齋藤義朗 (さいとうよしろう)

昭和47年(1972)長崎市生まれ。専門は海事史、海軍史。呉市海事歴史科学館(大和ミュージアム)学芸員、呉市入船山記念館学芸員を経て、現在、船の科学館学芸員。共著(分担執筆)に『いまこそ知りたい 江田島海軍兵学校』(新人物往来社)、歴史群像シリーズ『超超弩級艦「大和」建造』、『図説・日本海軍入門』、『二式大艇と飛行艇』(以上小社)などがあるほか、雑誌「J-Ships」(イカロス出版)、「歴史読本」(新人物往来社)にも寄稿している。

●第4章110～119頁、第5章すべて、第6章186～190、巻末の資料の執筆を担当。

瀬戸利春 (せとしはる)

昭和37年(1962)生まれ。戦史研究家。20世紀の戦史(第二次大戦とそれ以前)をテーマに研究。雑誌「歴史群像」を中心に寄稿。著書に、歴史群像シリーズ「決定版・太平洋戦争」シリーズ各巻、『図説・日本海軍入門』『戦略・戦術・兵器詳解[図説]第一次世界大戦』上・下(以上小社・共著)、『第二次大戦 世界の戦艦』(イカロス出版・共著)など多数。

●第2章すべての執筆を担当。

時実雅信 (ときざねまさのぶ)

昭和33年(1958)生まれ。雑誌ライター・編集者。日本海軍史・各国海軍艦艇、江戸文化史を中心に執筆。雑誌「歴史群像」および歴史群像シリーズ(小社)の戦史関連タイトル各巻の編集も担当。

●第7章すべての執筆を担当。

松木時彦 (まつきときひこ)

昭和34年(1959)生まれ。ミリタリーライター・編集者。日本海軍、特に運用面から見た艦艇ほか兵器の歴史を中心に執筆。著書に『帝国海軍艦艇ガイド』(小社)がある。

●第4章のうち、110～119頁以外の執筆を担当。

[写真協力] U.S.NAVY、国立国会図書館

日本海軍の組織（太平洋戦争開戦時・昭和16年[1941] 12月8日）

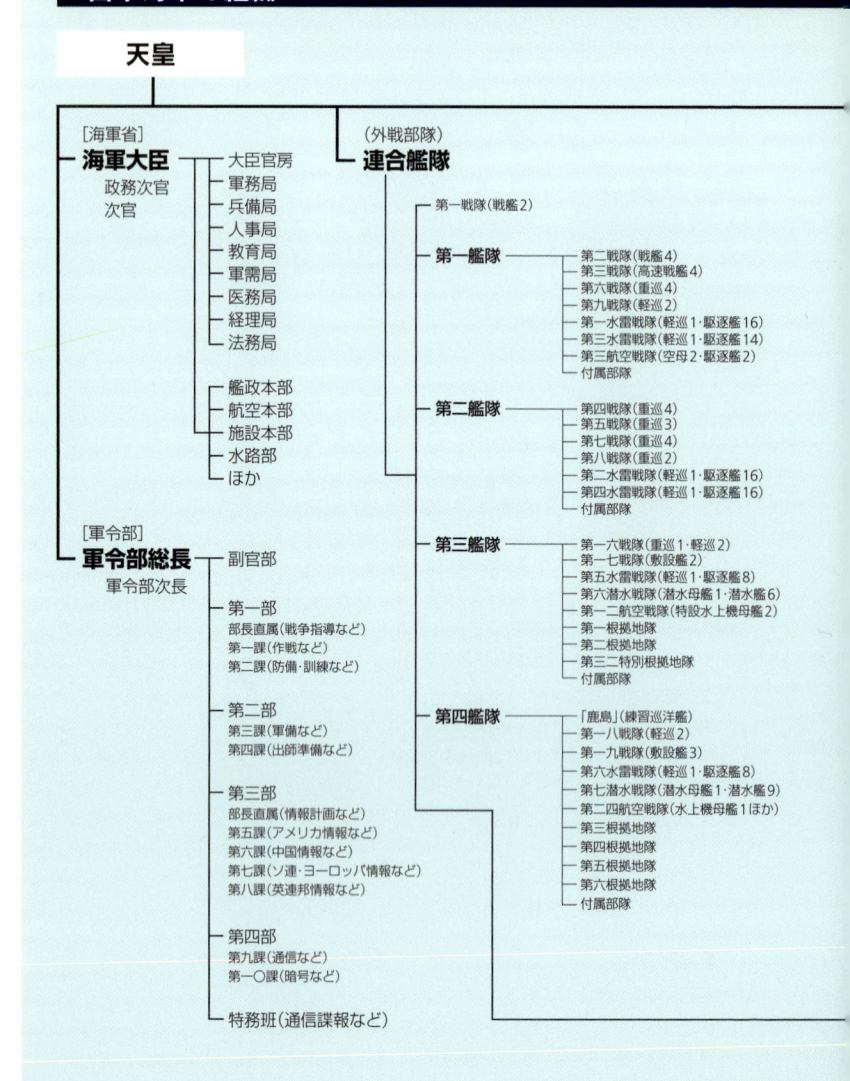

天皇

- [海軍省]
  海軍大臣
  政務次官
  次官
  - 大臣官房
  - 軍務局
  - 兵備局
  - 人事局
  - 教育局
  - 軍需局
  - 医務局
  - 経理局
  - 法務局
  - 艦政本部
  - 航空本部
  - 施設本部
  - 水路部
  - ほか
- [軍令部]
  軍令部総長
  軍令部次長
  - 副官部
  - 第一部
    部長直属（戦争指導など）
    第一課（作戦など）
    第二課（防備・訓練など）
  - 第二部
    第三課（軍備など）
    第四課（出師準備など）
  - 第三部
    部長直属（情報計画など）
    第五課（アメリカ情報など）
    第六課（中国情報など）
    第七課（ソ連・ヨーロッパ情報など）
    第八課（英連邦情報など）
  - 第四部
    第九課（通信など）
    第一〇課（暗号など）
  - 特務班（通信諜報など）
- （外戦部隊）
  連合艦隊
  - 第一戦隊（戦艦2）
  - **第一艦隊**
    - 第二戦隊（戦艦4）
    - 第三戦隊（高速戦艦4）
    - 第六戦隊（重巡4）
    - 第九戦隊（軽巡2）
    - 第一水雷戦隊（軽巡1・駆逐艦16）
    - 第三水雷戦隊（軽巡1・駆逐艦14）
    - 第三航空戦隊（空母2・駆逐艦2）
    - 付属部隊
  - **第二艦隊**
    - 第四戦隊（重巡4）
    - 第五戦隊（重巡3）
    - 第七戦隊（重巡4）
    - 第八戦隊（重巡2）
    - 第二水雷戦隊（軽巡1・駆逐艦16）
    - 第四水雷戦隊（軽巡1・駆逐艦16）
    - 付属部隊
  - **第三艦隊**
    - 第一六戦隊（重巡1・軽巡2）
    - 第一七戦隊（敷設艦2）
    - 第五水雷戦隊（軽巡1・駆逐艦8）
    - 第六潜水戦隊（潜水母艦1・潜水艦6）
    - 第一二航空戦隊（特設水上機母艦2）
    - 第一根拠地隊
    - 第二根拠地隊
    - 第三二特別根拠地隊
    - 付属部隊
  - **第四艦隊**
    - 「鹿島」（練習巡洋艦）
    - 第一八戦隊（軽巡2）
    - 第一九戦隊（敷設艦3）
    - 第六水雷戦隊（軽巡1・駆逐艦8）
    - 第七潜水戦隊（潜水母艦1・潜水艦9）
    - 第二四航空戦隊（水上機母艦1ほか）
    - 第三根拠地隊
    - 第四根拠地隊
    - 第五根拠地隊
    - 第六根拠地隊
    - 付属部隊

- **第五艦隊**
  - 第二一戦隊（軽巡2・特設水上機母艦1）
  - 第二二戦隊（特設巡洋艦2）
  - 第七根拠地隊
  - 付属部隊
- **第六艦隊**
  - 「香取」（練習巡洋艦）
  - 第一潜水戦隊（特設潜水母艦1・潜水艦13）
  - 第二潜水戦隊（特設潜水母艦1・潜水艦8）
  - 第三潜水戦隊（潜水母艦1・潜水艦10）
- **第一航空艦隊**
  - 第一航空戦隊（空母2・駆逐艦3）
  - 第二航空戦隊（空母2・駆逐艦3）
  - 第四航空戦隊（空母1・特設空母1・駆逐艦2）
  - 第五航空戦隊（空母2・駆逐艦2）
- **第一一航空艦隊**
  - 第二一航空戦隊
  - 第二二航空戦隊
  - 第二三航空戦隊
  - 付属部隊
- **南遣艦隊**
  - 「香椎」（練習巡洋艦）
  - 「占守」（海防艦）
  - 第九根拠地隊
  - 第一一特別根拠地隊
- 第二四戦隊（特設巡洋艦3）
- 第一一航空戦隊（水上機母艦2）
- 第四潜水戦隊（軽巡1・潜水艦8）
- 第五潜水戦隊（軽巡1・潜水艦6）
- 第一連合通信隊
- 佐世保連合特別陸戦隊
- 付属部隊

支那方面艦隊

- **第一遣支艦隊**
  - 直属砲艦群（砲艦10）
  - 漢口方面特別根拠地隊
  - 付属部隊
- **第二遣支艦隊**
  - 第一五戦隊（軽巡1・砲艦2ほか）
  - 広東方面特別根拠地隊
  - 厦門方面特別根拠地隊
  - 付属部隊
- **第三遣支艦隊**
  - 「磐手」（海防艦）
  - 青島方面特別根拠地隊
  - 付属部隊
- **海南警備府部隊**
  - 付属部隊
- 上海方面根拠地隊
- 上海海軍特別陸戦隊
- 「出雲」（海防艦）
- 付属部隊

（内戦部隊）

- **横須賀鎮守府部隊**
  - 横須賀海軍警備隊
  - 横須賀警備戦隊
  - 横須賀防備戦隊
  - 第一一連合航空隊
  - 付属部隊
- **呉鎮守府部隊**
  - 呉海軍警備隊
  - 呉警備戦隊
  - 呉防備戦隊
  - 第一二連合航空隊
  - 付属部隊
- **舞鶴鎮守府部隊**
  - 舞鶴海軍警備隊
  - 舞鶴防備戦隊
  - 付属部隊
- **佐世保鎮守府部隊**
  - 佐世保海軍警備隊
  - 佐世保警備戦隊
  - 佐世保防備戦隊
  - 大島根拠地隊
  - 付属部隊
- **大湊警備府部隊**
  - 付属部隊
- **大阪警備府部隊**
  - 付属部隊
- **鎮海警備府部隊**
  - 鎮海防備戦隊
  - 羅津根拠地隊
  - 付属部隊
- **馬公警備府部隊**
  - 付属部隊
- **旅順警備府部隊**
  - 付属部隊

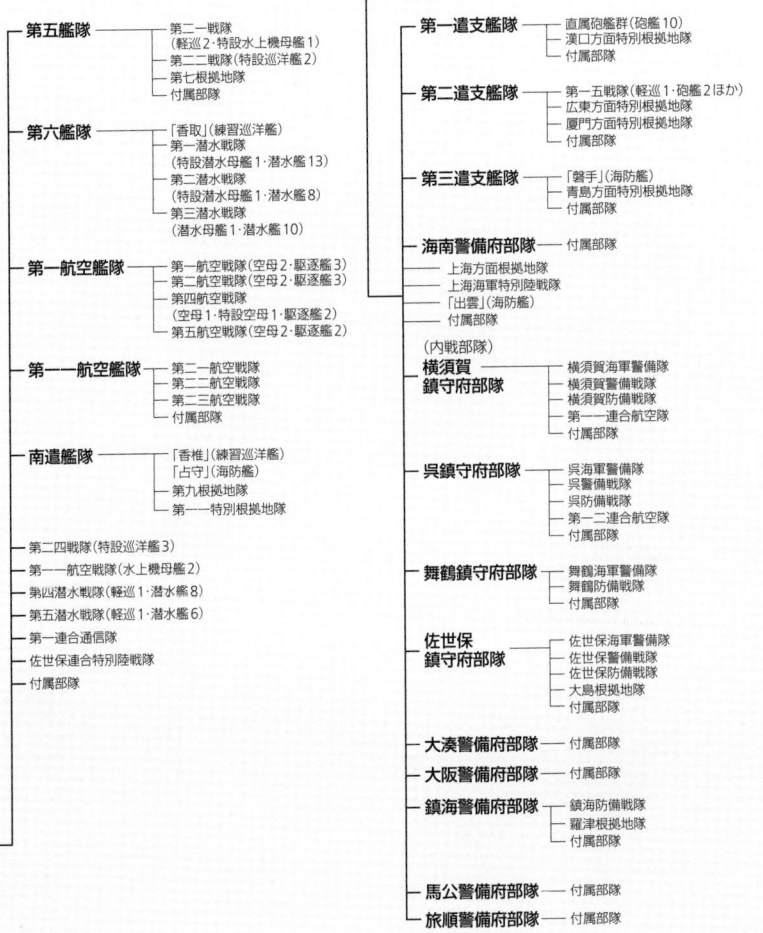

太平洋・アジア状況図（太平洋戦争開戦時・昭和16年[1941] 12月8日）

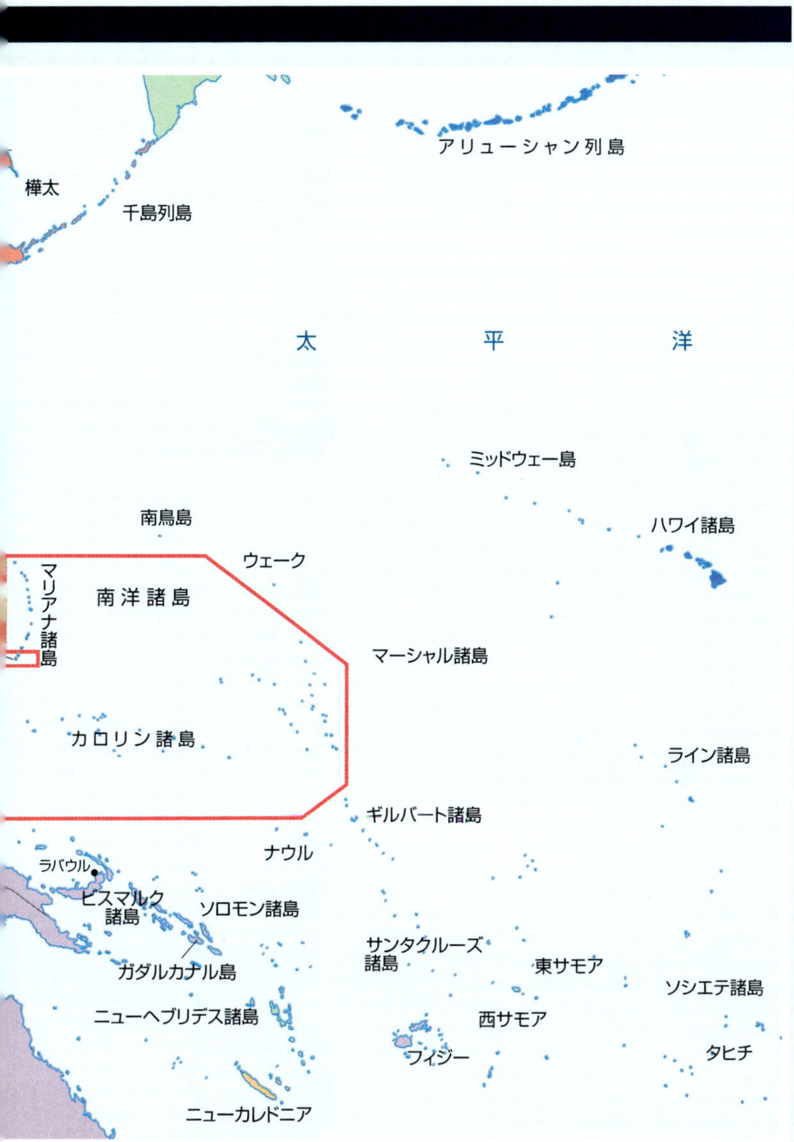

アリューシャン列島
樺太
千島列島
太平洋
ミッドウェー島
南鳥島
ハワイ諸島
ウェーク
マリアナ諸島
南洋諸島
マーシャル諸島
カロリン諸島
ライン諸島
ギルバート諸島
ナウル
ラバウル
ビスマルク諸島
ソロモン諸島
サンタクルーズ諸島
東サモア
ガダルカナル島
ソシエテ諸島
ニューヘブリデス諸島
西サモア
フィジー
タヒチ
ニューカレドニア

歴代海軍大臣・軍令部総長

海軍大臣

代	名前	在籍期間
1	西郷従道	明18(1885).12.22～
2	大山巌	明19(1886).7.10～
3	西郷従道	明20(1887)7.1～
4	樺山資紀	明23(1890)5.17～
5	仁礼景範	明25(1892)8.8～
6	西郷従道	明26(1893)3.11～
7	山本権兵衛	明31(1898)11.8～
8	斎藤実	明39(1906)1.7～
9	八代六郎	大3(1914)4.16～
10	加藤友三郎	大4(1915)8.10～
11	財部彪	大12(1923)5.15～
12	村上格一	大13(1924)1.7～
13	財部彪	大15(1924)6.11～
14	岡田啓介	昭2(1927)4.20～
15	財部彪	昭4(1929)7.2～
16	安保清種	昭5(1930)10.3～
17	大角岑生	昭6(1931)12.13～
18	岡田啓介	昭7(1932)5.26～
19	大角岑生	昭8(1933)1.9～
20	永野修身	昭11(1936)3.9～
21	米内光政	昭12(1937)2.2～
22	吉田善吾	昭14(1939)8.30～
23	及川古志郎	昭15(1940)9.5～
24	嶋田繁太郎	昭16(1941)10.18～
25	野村直邦	昭19(1944).7.17～
26	米内光政	昭19(1944)7.22～ 昭20(1945)12.1

軍令部総長

代	名前	在籍期間
1	仁礼景範	明19(1886)3.16～
2	伊藤雋吉	明22(1889)3.8～
3	有地品之允	明22(1889)5.17～
4	井上良馨	明24(1891)6.17～
5	中牟田倉之助	明25(1892)12.12～
6	樺山資紀	明27(1894)7.17～
7	伊藤祐亨	明28(1895)5.11～
8	東郷平八郎	明38(1905)12.19～
9	伊集院五郎	明42(1909)12.1～
10	島村速雄	大3(1914)4.22～
11	山下源太郎	大9(1920)10.1～
12	鈴木貫太郎	大14(1925)4.15～
13	加藤寛治	昭4(1929)1.22～
14	谷口尚真	昭5(1930)6.11～
15	伏見宮博恭王	昭7(1932)2.2～
16	永野修身	昭16(1941)4.9～
17	嶋田繁太郎	昭19(1944)2.21～
18	及川古志郎	昭19(1944)8.2～
19	豊田副武	昭20(1945)5.29～ 10.15

※「軍令部総長」の表には、軍令部の前身組織の長である参謀本部海軍部長、海軍参謀部長、海軍軍令部長も含む。ちなみに昭和8年(1933)10月に海軍軍令部が軍令部と改称されたのに伴い、海軍軍令部長は軍令部総長に改称された。

第一章

歴史

日本海軍はいかなる歴史を歩んだのか。
ここでは大きく６つの時期に分け、
それぞれの時期の特徴を解説する。

1-1 創設期

日本海軍の誕生

開国により世界に目を向けた日本は近代海軍創設の必要性に迫られた。幕末の動乱から明治維新にかけて、日本海軍はいかに生まれたか。

嘉永6年9月（1853年10月）、開国を要求するアメリカのペリー艦隊を前にした江戸幕府老中阿部正弘は、もはや近代的な海軍の建設以外に国防を全うする手段はないと判断し、鎖国政策の一部である大船建造禁止令を解いた。幕府と雄藩による艦船の自力建造の努力と並行して、幕府は長崎出島の商館を通じてオランダ政府に協力を依頼し、小型蒸気軍艦（その1隻がのちの「咸臨《かんりん》丸」）の購入と教師団の派遣を実現させた。

この教師団を迎えて開設された**長崎海軍伝習所**は、安政2年（1855）10月24日から同6年（1859）4月16日まで、幕府と有志諸藩の生徒数百名を教育し、日本海軍のかけがえのない人的基礎を築いた。伝習所閉鎖の翌万延元年（1860）、生徒の一人であった**勝麟太郎（海舟）**が艦長として指揮したのが、遣米使節予備艦「咸臨丸」による日本人最初の太平洋横断航海である。

オランダ海軍の助言を容れて、正面装備に留まらず、教育、港湾、造修等の後方支援施設の整備に早くから注力したのは幕府の開明的な人々、阿部や勝、小栗忠順《ただまさ》（上野介）らの大きな功績である。安政4年（1857）に開設された築地の**軍艦教授所**（のちに操練所）は明治3年（1870）に**海軍兵学寮**となり（明治9年にはさらに海軍兵学校に改称）、慶応2年（1866）にフランスの援助で着工された横須賀製鉄所は**横須賀海軍工廠**の起源となった。

海軍力が決定的な役割を果たした函館戦争をもって維新の戦乱はひとまず終わり、明治3年（1870）2月、新政府**兵部《ひょうぶ》省**の下に**海軍掛《がかり》**が設置されて、ここに組織としての日本海軍が始まった。その戦力は旧幕府と諸藩が提供した軍艦14隻、運送船3隻、排水量1万3832トンであった。ちなみにこの年、海軍の諸制度を旧幕府のオランダ式に代えてイギリス式を採用することが決定された。海軍掛は翌年には海軍部に改められ、さらに翌々年の明治5年2月に兵部省が分割され**海軍省**が独立する。

勝海舟と「咸臨丸」

勝海舟は幕臣として軍艦操練所教授方頭取、軍艦奉行並を歴任、維新後も参議兼海軍卿を務めるなど、黎明期の日本海軍に重要な役割を果たした。

幕府がオランダに注文して建造した最初の軍艦「咸臨丸」。排水量250トンで、備砲12門を搭載していた。日米修好通商条約の批准のための遣米使節を乗せて太平洋を横断した。

海軍創設までの流れ

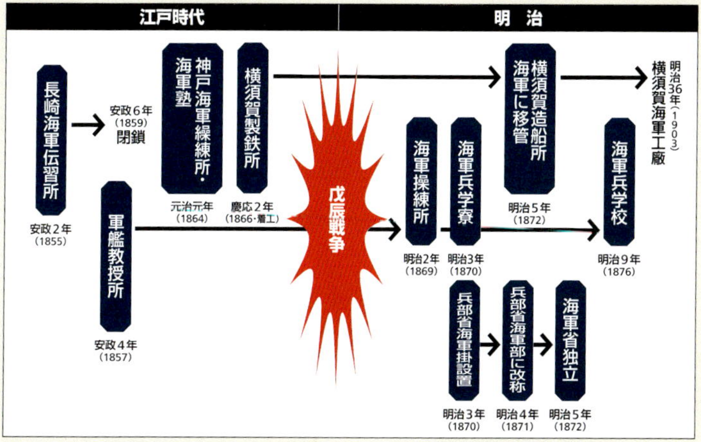

神戸海軍操練所は勝海舟の進言により元治元年5月に設立された。勝は同時に大坂の専称寺に私塾である海軍塾を開く。塾生には坂本龍馬、伊東祐亨、陸奥宗光らがいたが、攘夷派の脱藩浪士がいたことや、勝自身が保守派の讒言により同年11月に軍艦奉行を罷免されたため、操練所、海軍塾ともに閉鎖に追い込まれた。

確立期

沿岸海軍から外洋海軍へ

明治期前半の日本は財政も経済も脆弱で、海軍の制度と戦力の整備はなかなか進まなかった。これが軌道に乗り出したのは日清戦争に勝利してからであった。

長崎伝習所出身で、勝の次に海軍卿となった薩摩の**川村純義《すみよし》**の下で、海軍は苦闘の確立期を迎える。川村は**海軍省**、**鎮守府**、艦隊等の制度の整備を推進すると共に、大規模な戦力増強計画を繰り返し打ち出したが、西南戦争を始めとする内乱の主役が陸軍であったこと、政府の財政も国家の経済力も未だ脆弱であったことから、後者の実現は至難であった。それどころか陸軍重視の大勢から、軍令上、長く海軍は陸軍の指揮下に置かれていた。

川村を承《う》けた同じく薩摩の**西郷従道**海軍大臣の下で、ようやく海軍拡張計画が了承されるが、軽装甲の巡洋艦を主力とするのが精一杯（日清開戦時の戦力は 55 隻、約 6 万 1000 トン）で、朝鮮半島の利権をめぐり急速に想定敵として浮上しつつあった清国の、強力な戦艦 2 隻を基幹とする北洋水師（同 34 隻、約 4 万 4000 トン）に比べて見劣りした。しかし、最新の速射砲を装備する日本艦隊が火力、そして速力で優越したこと、複雑な陣形を採用した清国艦隊が戦術的に自滅したこと等から、日本海軍は明治 27 年（1894）9 月 17 日の**黄海海戦**の勝者となり、からくも**日清戦争**（1894~95）の帰趨を制することができた。

日本海軍が、薩摩出身者がほぼ独占する藩閥的**沿岸海軍**から近代的**外洋海軍**への脱皮を遂げたのは、日清戦争後、**三国干渉**と**日英同盟**成立という国際情勢の下、来るべき対ロシア戦のために着手された軍拡の流れの中である。その最大の立役者が、西郷の下で大臣官房主事（のちに海軍省主事、軍務局長）として働き、明治 31 年（1898）からは自ら海軍大臣を務めた傑出した軍政家、**山本権兵衛《ごんべえ》**であった。山本の指導によって海軍の組織は飛躍的に近代化され、イギリスに発注した最新鋭戦艦 6 隻と、装甲巡洋艦 6 隻を主力とするいわゆる**六六艦隊**（106 隻、約 15 万 9000 トンを新規に建造）が整備されるに至った。そして日露開戦直前の明治 36 年（1903）12 月には、海軍の悲願であった、海軍**軍令部**の陸軍参謀本部からの完全な独立が達成されるのである。

川村純義と山本権兵衛

薩摩藩士の川村純義は、海軍大輔、参議·海軍卿を歴任し、明治前半期の日本海軍をリードした。海軍中将。死後、海軍大将に進級している。

山本権兵衛も薩摩藩士で、海軍操練所·海軍兵学寮出身の海軍エリートだった。明治24年(1891)に海軍省に勤務以降、軍政畑にあって川村の後を継ぎ、海軍の整備に尽力した。のちに政界入りし、大正時代に総理大臣として2度組閣している。

沿岸海軍から外洋海軍へ

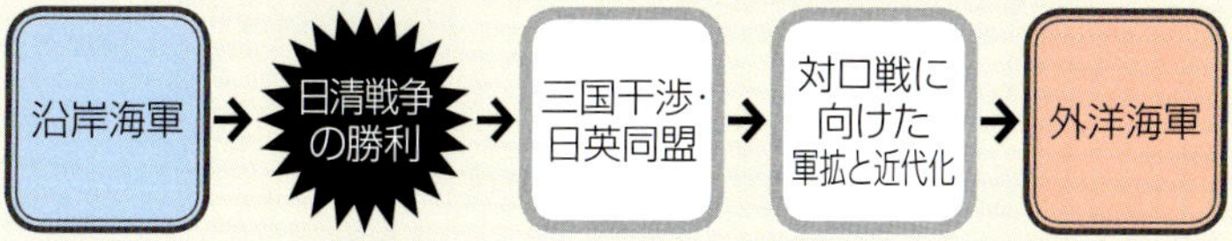

六六艦隊計画

●第一次拡張計画

戦艦1(1)
一等巡洋艦2(2)
二等巡洋艦3(3)
水雷砲艦1(0)
通報艦0(1)
駆逐艦8(8)
水雷艇39(39)

→

●第二次拡張計画

戦艦3(3)
一等巡洋艦4(4)
三等巡洋艦2(3)
砲艦0(3)
水雷砲艦2(0)
水雷母艦1(0)
駆逐艦4(15)
水雷艇24(24)

六六艦隊の名称は計画時にすでに建造中だった戦艦2隻に新造戦艦4隻と装甲巡洋艦(一等巡洋艦)6隻を加えた六·六に由来する。表の数字は計画時の隻数で()内は実際に建造された隻数である。本計画は第一次·第二次の二期で実施される予定であったが、日露戦争直前に第三次が追加され、表以外にさらに戦艦1隻、一等巡洋艦2隻が起工および購入された。

新たな敵アメリカ海軍と八八艦隊計画

ロシアに勝利した日本は極東最強の海軍国として欧米列強に並ぶ地位を得たが、意外にも、ここから海軍の迷走が始まることになった。

日露戦争（1904~05）で日本海軍は戦艦 3 隻（1 隻はのち浮揚）を失ったが、ロシア太平洋艦隊と、欧州から来援したバルト海艦隊（第二太平洋艦隊）の各個撃破に成功し、極東最強の海軍国、かつ唯一の非白人グローバル・パワーとしての日本の地位を築いた。

ところが他でもないこの勝利の直後から、海軍の迷走が始まる。その原因はおおよそ次のようなところにあった。まず、大陸利権の防衛と拡大のため陸軍が引き続き対ロシア・ソ連戦備を第一にしていたのに対し、海軍は太平洋を挟んで急速に増強されてゆくアメリカ合衆国海軍を想定敵に考えていたこと。この陸海軍の方針の乖離を、確たるシヴィリアン・コントロールを国制に欠く政府がまったく調整できず、結果として統一的な国家戦略を定められず、ひいては軍部の独走さえ制御できなくなったこと。そして、第一次大戦への本格的な参戦経験を欠き、従来の戦争のやり方から一変した**総力戦**の性格や、**シーレーン**（海上交通路）保護の緊要性についての理解をほとんど得なかったこと、である。

アメリカが 1916 年に成立させた海軍拡張計画、いわゆる「3年計画」は戦艦 10 隻、巡洋戦艦 8 隻基幹という内容であった。3 年計画はアメリカの第一次大戦参戦によって遅延を余儀なくされたが、これに対抗し得る戦力の整備を迫られた日本海軍が推進したのが**八八艦隊計画**である。紆余曲折を経て大正 8 年（1919）に予算が成立したこの計画は、最終的に第一線の戦艦 8 および巡洋戦艦 8、第二線の主力艦 8、計 24 隻を基幹とし、第一線艦は艦齢 8 年を基準に逐次補充するという空前の規模となった。しかし、この軍拡は当時の国家予算約 15 億円に対し、艦船建造費だけで 19 パーセント、海軍予算全体で 26.5 パーセント、陸軍予算を合わせると実に 42 パーセントという恐るべき数字をもたらした。これでは戦争どころではなく、平時に八八艦隊を維持するだけで遠からず日本の経済が破綻するのは明らかであった。

統一した国家戦略の欠如と海軍の迷走

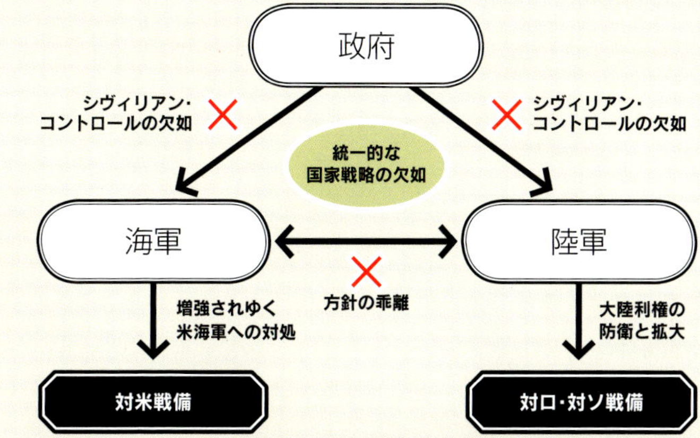

八八艦隊計画

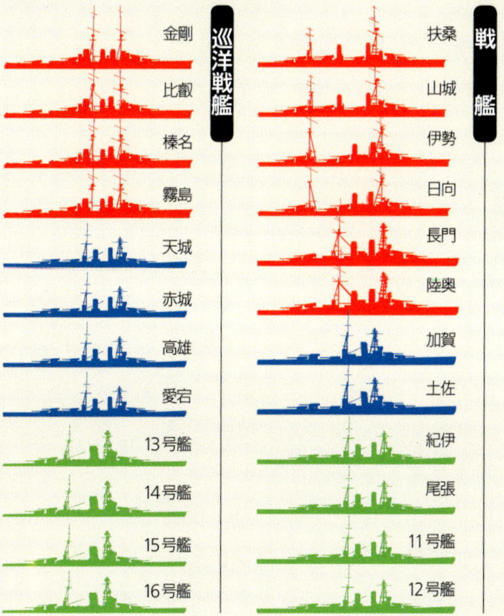

図は「八八艦隊」計画の最終形態で、第一線の戦艦（「長門」「陸奥」「加賀」「土佐」「紀伊」「尾張」「11号艦」「12号艦」）と巡洋戦艦（「天城」「赤城」「高雄」「愛宕」「13号艦」「14号艦」「15号艦」「16号艦」）、それに計画完成時（大正16年[1927]に艦齢8年を超える）第二線の主力艦（戦艦「扶桑」「山城」「伊勢」「日向」、巡洋戦艦「金剛」「比叡」「榛名」「霧島」）の計24隻で構成される予定だった。実際には軍縮条約により、竣工したのは戦艦6隻、巡洋戦艦4隻で、他に未成艦2隻（「赤城」「加賀」）が空母に改造された。

1-4

軍縮条約と海軍休日

建艦競争に終止符を打ち「漸減作戦」を採用

軍縮条約で劣勢な制限枠を課せられた日本海軍は、対米戦を睨み、「漸減作戦による艦隊決戦」という新しいドクトリンを採用した。

第一次大戦による疲弊と戦後の世界不況は、軍備拡張競争の再開を至難なものとしていた。とりわけ、かつての大帝国イギリスの凋落ははなはだしかった。日本では**八八艦隊計画**が貧弱な国力を圧迫し、もっとも余裕のあるアメリカでさえ国民的な軍縮運動が巻き起こった。こうした情勢を受け、アメリカの主導の下、各国の主力艦戦力に一定の制限を加える目的で大正 10 年（1921）11 月より開催されたのが**ワシントン軍縮会議**である。

日本海軍の対米戦ドクトリンの骨幹は、対米 7 割以上の**主力艦**（戦艦と巡洋戦艦）戦力の保有が必須だとの前提にあった。軍縮会議で日本は何としてもこの数を死守せんとしたが、英米には譲歩する意思はなく、全権代表の**加藤友三郎**海軍大臣の決断で対英米 6 割の条件を最終的に容れたのであった。各国の建艦計画はほぼ中止され、英・米・日の主力艦保有量は当面 22:10:10 となった。八八艦隊の産みの親でもあった加藤の「シヴィリアン・コントロール」は日本を経済的破滅から救ったのだが、海軍部内に大きな不満を残した。

1929 年の世界恐慌の発生を経て、昭和 5 年（1930）1 月には、さらに巡洋艦等の補助艦艇の軍備制限を協議する**ロンドン軍縮会議**が開催された。重巡のみ対米約 6 割、軽巡と駆逐艦は 7 割、潜水艦は同数という結果は日本外交の事実上の勝利であったが、政府による交渉が終始海軍の頭ごなしに行われたという印象が、部内に燻っていた不満を再燃させ、「**統帥権干犯問題**」という、言わば反シヴィリアン・コントロール運動の引き金となってしまう。

以後、海軍は優勢なアメリカ海軍を短期戦で撃破すべく、（しばしば防御力や居住性、安全性を犠牲にした）個艦単位の攻撃力増加（個艦優越主義）、きわめて複雑巧妙な戦術、そしてそれを実施可能とする技量の向上にひたすら注力した、**漸減《ぜんげん》作戦**と**艦隊決戦**に特化した組織と化し、国力を考慮した長期戦、**総力戦**への備えは看過されてしまうのである。

軍縮がもたらしたもの

ワシントン軍縮条約

●主力艦合計排水量制限

●航空母艦合計排水量制限

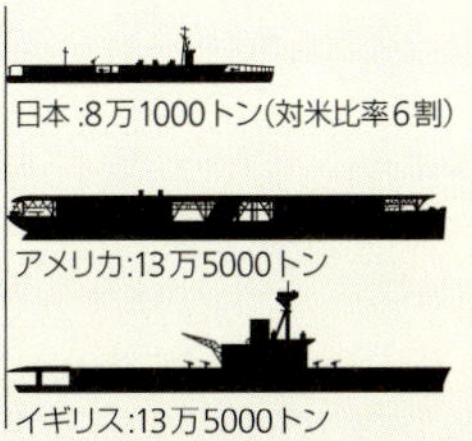

ワシントン会議開催時点で未完成の艦は廃艦にすると決定されたため、建造中だった戦艦「陸奥」は工事途中で海軍に引き渡され、海軍は完成したとの主張を押し通して竣工させている。廃艦の予定の艦でも「赤城」「加賀」のように空母として生きながらえたものもある。

ロンドン軍縮条約

●大型巡洋艦合計排水量制限

●小型巡洋艦合計排水量制限

●駆逐艦合計排水量制限

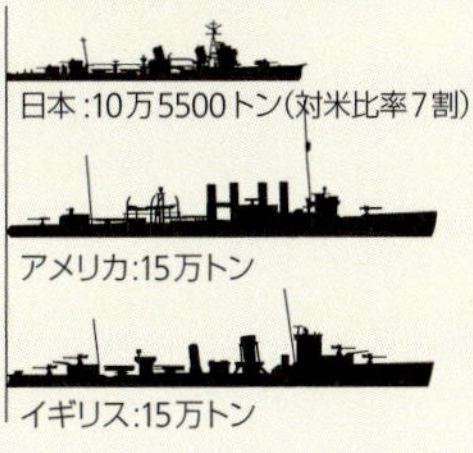

●潜水艦合計排水量制限

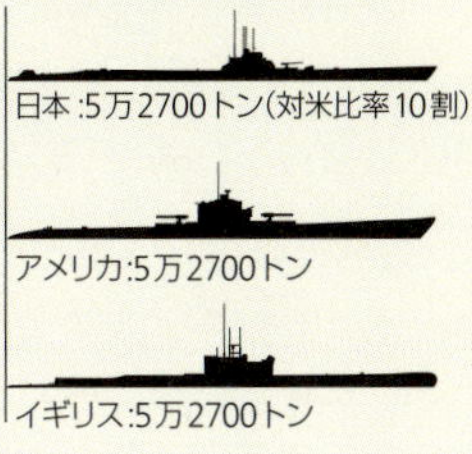

この条約では、左に示した艦種別の合計排水量制限のほか、個艦のサイズや主砲の口径についての制限も規定された。例えば駆逐艦の場合は、最大排水量1850トン、主砲最大口径5インチ、潜水艦の場合は最大排水量2000トン、主砲最大口径5.1インチ以内でなければならないとされた。

建艦競争の再燃

軍縮時代の終焉とともに再び軍拡が始まり、日米は互いに建艦計画を推し進めたが、日米の国力の差は明らかだった。

昭和 6 年（1931）の満州事変、昭和 12 年（1937）に始まる日中戦争に示されるような日本の旧式で乱暴な大陸政策は、その国際的孤立化を深め、とりわけアメリカとの対立を激化させた。日露戦争では日本の強力な後ろ盾となった**日英同盟**も既に大正 12 年（1923）に失効し、イギリスもアメリカの側に立っていた。

新たな軍縮の試み、**第二次ロンドン会議**は失敗し、その翌昭和 11 年（1935）年末をもってワシントンおよびロンドン軍縮条約が失効して海軍休日《ネイヴァル・ホリデー》は終わった。軍縮の軛《くびき》からの解放を待ち望んでいた日本海軍は、ただちに大規模な軍備拡張計画に着手した。昭和 12 年度の**第三次補充計画（㊂計画）**では**「大和」型戦艦** 2、**「翔鶴」型空母** 2 を始めとする 66 隻 27 万トンと航空機 262 機、昭和 14 年度の**第四次充実計画（㊃計画）**ではさらに戦艦 1、空母 1 以下の 80 隻 32 万 1000 トンと 1685 機を整備するものとされた。

しかし、軍縮から解放されたのはアメリカも同じであった。そもそもアメリカは制限の 7 割弱の戦力しか保有していなかったのだが、海軍休日が終わるや俄然、対日軍拡に転じた。国力で日本に十倍するアメリカの計画のその規模たるや凄まじく、1938 年から 1940 年にかけて成立した第二次および第三次**ヴィンソン法**と**二大洋艦隊拡充法案**（スターク案）の内容は、戦艦 15、巡洋戦艦 6、空母 12 以下 150 万トンないし 190 万トンを建造し、航空戦力を 1 万 5000 機にするという内容であった。しかもアメリカがこれら新艦船の建造の大部分を既存の民間の造船所に委ねられ得たのに対し、日本海軍ではまず生産施設の増設から行わねばならなかったのである。

日本海軍は新たに**㊄計画**および**㊅計画**を策定し必死にアメリカに対抗しようとしたが、ほとんどは紙の上での努力のみで終わった。㊄計画は太平洋戦争開戦後に**改㊄計画**に改定されたが、これは実質的には別物の戦時補充計画であった。

日米海軍の建艦競争（軍縮条約失効直前から日米開戦まで）

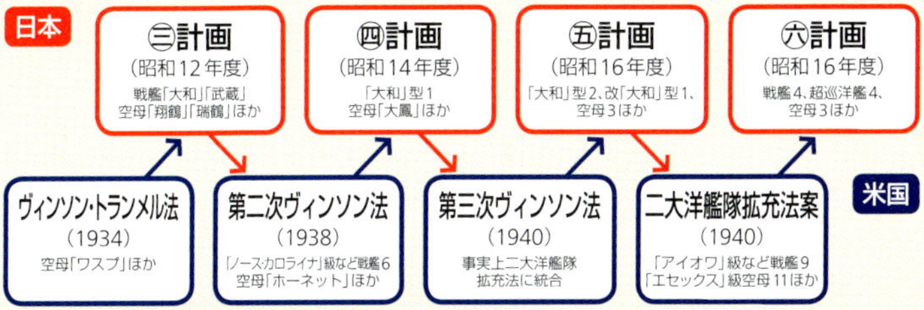

※矢印は日米の建艦計画が刺激となって新たな計画立案を交互に引き起こした様子を示したもの。

昭和16年（1941）9月20日、呉工廠で最終艤装中の戦艦「大和」。「大和」「武蔵」は㊂計画で建造が開始され、㊃計画に三、四番艦が盛り込まれたが、太平洋戦争開戦後、三番艦（信濃）は空母に改造。四番艦は建造中止となった。「大和」型より後に建造が始まった「アイオワ」級は4隻が完成したのとは対照的で、日本は建艦競争でもアメリカに敗れたのである。

「エセックス」級空母。第三次ヴィンソン法で2隻の建造が認められたのを手始めに、順次、追加された。写真の「エセックス」以下24隻が1943年から50年までに就役した。

1942年8月、ニューヨーク海軍工廠でまもなく進水を迎える戦艦「アイオワ」。「アイオワ」は第三次ヴィンソン法により1940年に起工。「アイオワ」級戦艦4隻は1943年から44年にかけて就役している。

滅亡

熾烈な消耗戦の末 75年の歴史に幕を閉じる

資源を海外に頼る日本がアメリカの経済制裁に耐えかねて戦争を選んだ時、日本海軍が採ったのは、空母機動部隊による米艦隊本拠地への奇襲だった。

海軍休日前、日本海軍の主任務は抑止力の発揮にあると考えられており、もし対米全面戦争が現実となれば、勝機はもとより皆無だった。国力がものを言う戦争の長期化を回避するべく、日本海軍は**漸減作戦**と**艦隊決戦**による短期戦での勝利を企図したが、よしんば敵がこちらの注文に都合よく応じて艦隊決戦が生起し、それに勝利できたとしても、戦略的に優勢なアメリカがただ1回の戦術的な敗北で講和に応じるはずはなかった。それどころか、**山本五十六**連合艦隊司令長官らの回想によれば、漸減作戦と艦隊決戦の図上演習において、日本海軍の勝利が判定されたことはただの一度もなかったのである。

そもそも、資源に乏しい日本はその多くを他でもない想定敵アメリカからの輸入に頼っていた。とりわけ、それがなくては軍隊も国家も成り立たない**石油**は、8割がアメリカからの輸入であった。すでに日中戦争の泥沼化で国力を疲弊させていた日本は、じわじわ締め上げてくるアメリカの経済制裁に耐えかね、昭和16年（1941）7月、有事の**南方資源地帯**確保を見据えて**南部仏印進駐**を強行する。しかし、本来の漸減邀撃作戦構想になかったこの「南進」は戦力を分散させたのみならず、アメリカ、イギリス、オランダの予想を超えた激しい反発を呼び、日本はこれら諸国から経済封鎖される窮地に追い込まれてしまう。石油の国内備蓄を使い果たし戦わずして軍門に下るか、それとも正面戦力が質量共に優勢な今、最後の戦機に乗じるかの選択に迫られ、日本は後者を選んだ。

もはや成功の目処の立たぬ漸減作戦による艦隊決戦を放棄した山本司令長官は、**空母機動部隊**というまったく新しい武器によって緒戦の大勝利を得たが、その戦訓を十分に摂取したのはアメリカ海軍の方であった。そして**ソロモン諸島**の消耗戦を経て、巨大な兵站支援部隊と両洋作戦部隊に支えられたアメリカの総力戦反攻計画（旧「オレンジ」「レインボー5」）がついに発動された時、日本海軍はそれを阻止し得る戦力と戦略を持たなかった。

太平洋戦争への道

開戦時の連合艦隊司令長官・山本五十六。漸減作戦と艦隊決戦を捨て、空母機動部隊による、敵艦隊主力が集まる泊地への奇襲を選んだ。

戦前日本の石油輸入先

昭和14年(1939)

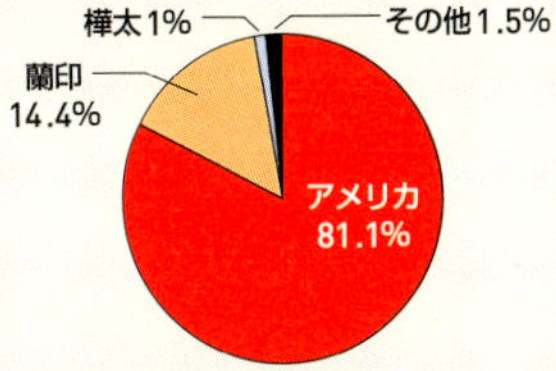

石油統計年報(経済産業省)より。昭和14年の石油輸入総量は345万2000キロリットル(原油174万5000キロリットル、航空用燃料170万7000キロリットル)。

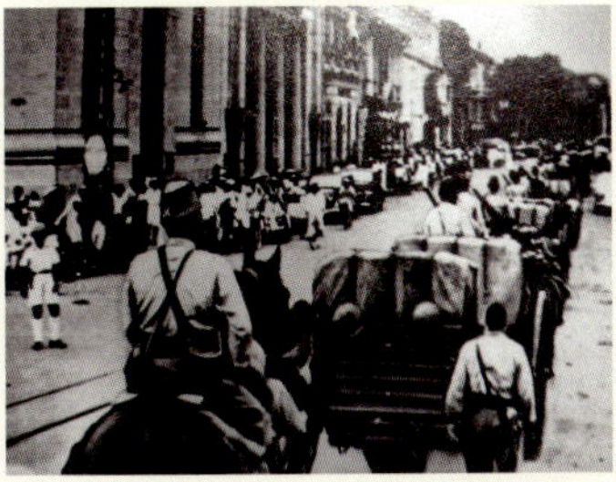

昭和16年(1941)夏の南部仏印進駐は独立混成第21旅団、近衛師団のほか飛行部隊で実施された。写真は7月30日、サイゴンに入る日本軍。

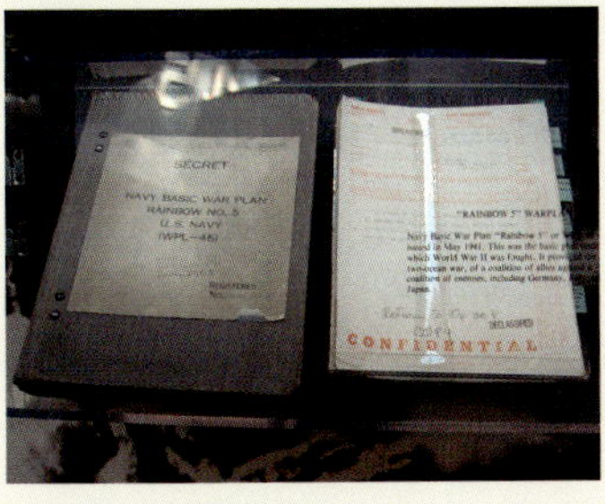

対枢軸国作戦計画を規定した「レインボー5」計画書の海軍部分(WPL-46)。ワシントン海軍工廠にある米海軍博物館に展示されている。

昭和16年12月初頭、ハワイ攻撃に向けて北太平洋を航行する第一航空艦隊の空母「加賀」。空母「赤城」からの撮影。

日本海軍略年表

海軍掛の設置から消滅までの75年の歴史を概観する

種別	元号	西暦	重要事項
①創設期	安政 2	1855	長崎海軍伝習所開設
	慶応 3	1867	大政奉還
	明治 3	1870	兵部省の下に海軍掛設置
	明治 5	1872	海軍省設置
②確立期	明治18	1885	西郷従道、初代海軍大臣就任
	明治27	1894	日清戦争開始
	明治37	1904	日露戦争開始
③海軍の迷走の始まり	明治38	1905	日露戦争終結
	大正 3	1914	第一次大戦
	大正10	1921	ワシントン軍縮会議
④軍縮条約と海軍休日	大正11	1922	ワシントン軍縮条約発効
	昭和 5	1930	ロンドン軍縮会議
	昭和 9	1934	ワシントン軍縮条約破棄
⑤軍拡の再開	昭和11	1936	ロンドン軍縮会議脱退
	昭和12	1937	日中戦争開始
⑥滅亡	昭和15	1940	北部仏印進駐
	昭和16	1941	太平洋戦争開始
	昭和20	1945	敗戦

第二章

組織と部隊

日本海軍はどのような組織・部隊から
構成されていたのか。それぞれの
組織・部隊の歴史と役割について見ていく。

2-1 大日本帝国における海軍の位置づけ

「大元帥」天皇に直属する“天皇の軍隊”

大日本帝国憲法に規定された天皇の統帥大権によって、海軍は陸軍とともに天皇直属の組織と規定されていた。「天皇の軍隊」と言われるのはそのためである。

大日本帝国では、陸軍と海軍は天皇直属の組織であることが憲法で定められていた。天皇は法制上は陸海軍の最高司令官ということになっていたのだ。この陸海軍の最高指揮権を**統帥権**（天皇の統帥を強調する場合は統帥大権）と呼ぶ。統帥権は天皇にあるから、陸海軍に命令を下せるのは、大元帥である天皇ただひとりということだ。これが。陸海軍が「天皇の軍隊」と呼ばれ、天皇の命令は絶対とされたゆえんである。

統帥権が天皇にあるといっても、軍令機関の長、すなわち海軍については**軍令部総長**、陸軍については参謀総長が補《ほ》弼《ひつ》する形を踏まえて行使することが憲法で定められていた。実際に命令を考え（起案という）文書化するのも参謀本部と**軍令部**の仕事だ。これは明治の**大日本帝国憲法**制定時に参考とした、プロイセン（のちのドイツ）の例にならったもので、国内政治の無用の干渉が軍に及ぶことを防ぐ狙いがあった。

また憲法上、組織としての陸海軍は並列した存在で、上に位置するのは天皇ただ一人である。要するに海軍が陸軍に命令を下すことはできないし、陸軍が海軍に命令を下すこともできなかったのだ。

このような制度になっていたため、政府は陸海軍の作戦には口を出すことができなかった（これを**統帥権の独立**という）。さらに、統帥権は上記のように本来は作戦遂行上の指揮権を指していたが、昭和５年（1930）の**ロンドン軍縮会議**に際し、艦隊編制、建艦計画も作戦に関係するから統帥権に関わる事項（統帥事項）だとする拡大解釈が行われるようになった。この解釈は軍ではなく、当時野党だった政友会が与党の立憲民政党を攻撃するために持ち出して問題としたものだが、以降、軍の独走を助長することになった。

天皇大権と軍の関係

昭和10年撮影の昭和天皇。大日本帝国憲法において天皇は強大な権力を有していた。

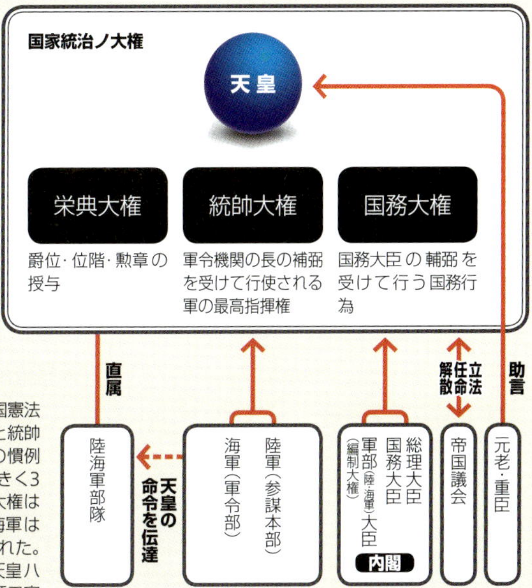

天皇の大権は大日本帝国憲法に規定された国務大権と統帥大権、それに古来よりの慣例に拠った栄典大権の大きく3つに分けられる。統帥大権は憲法第7条により、陸海軍は国政の外に置かるとされた。また、憲法第12条に「天皇ハ陸海軍ノ編制及常備兵額ヲ定ム」（編制大権）とあり、軍部大臣（陸軍大臣・海軍大臣）が天皇に責任を負ったが、この編制大権が統帥権に含まれるか国政に属するかの解釈が曖昧であった。軍部大臣は国務大臣でありながら軍事に関する事項は内閣を通さずに天皇に上奏（帷幄上奏権）することができたことも国務と統帥の乖離と対立を生み出すことになった。

明治22年（1889）、大日本帝国憲法発布の様子を描いた錦絵「憲法発布略図」。この憲法によって、陸海軍は天皇直属の組織であると規定されていた。

2-2 海軍と陸軍の関係

“同床異夢”の海軍と陸軍

日本の海軍と陸軍は、その活動範囲の相違や考え方の違いから、「同床異夢」となる場合が多かった。太平洋戦争に入ってもそれは変わらなかった。

一般的にどの国、どの時代においても陸軍と海軍は仲が悪い。しかし、たとえば米英では最高司令官たる大統領または首相が強力な権限を持っており、戦時にはその下で陸海軍を統合的に動かせる仕組みになっていた。しかし日本の場合、最高司令官たる天皇が指導力を発揮して陸海軍を統合的に運用するということはほぼ見られず、両者は分離・並立した関係に終始した。

そもそも陸と海という受け持ち分担の違いから、両者の思考には根本的相違があり、ひとつの事態に対処しようとしても同床異夢に陥りやすかった。たとえば国家としての戦略方針を策定すべく明治40年（1907）に制定された最初の「**帝国国防方針**」では、「**南北併進**」が謳われているが、これは陸軍の主張する北進と海軍の南進をまとめきれなかったためだ。主たる**想定敵国**が米露となったのも両者の主張を併記したからだ。こうした「分裂」を緩和するため「**陸海軍中央協定**」と呼ばれる協定を結ぶこともあった。しかし、例えば太平洋戦争緒戦のマレー進攻作戦の際には陸海軍間で中央協定が結ばれたにもかかわらず、その後も方針を一本化できず、結局陸軍の上陸部隊とその輸送・支援にあたる海軍現地部隊に協議させてようやく解決を見るということが起こっている。

その後の戦争中にも両者は協調を欠き、石油の配分から兵器生産にいたるまで、自身の都合からの主張が繰り返され、あくまで別個の組織としての動きが多く、そこに「国家」という視点は希薄だったのではないかと思われる。似たような兵器が陸海軍別個にいくつも造られ、陸軍が船舶兵を持ち、独自に輸送船、空母（強襲揚陸艦）、潜水艇を運用するかと思えば、海軍は水陸両用戦車を造るといった事態が生じたのもそのためである。そもそも戦争をいかに進めるかを明文化した「**戦争指導大綱**」ですら、国防方針と同様、多くの場合、両者の主張を併記したものでしかなかった。それは戦争末期に至るまで変わることはなく、太平洋戦争の敗因のひとつに挙げられている。

両論併記の国家戦略

下の図は日露戦争後、明治40年（1907）に初めて制定された「帝国国防方針」で示された「南北併進」の国家戦略を示したもの。朝鮮半島から大陸への進出を目指すという陸軍主体の「北進」と、南方を目指すという海軍主体の南進を併記した結果、北ではロシア、南では米仏独蘭英と対立する危険をはらんだ方針となったのである。

●「南北併進」の概念図

海軍の戦車と陸軍の潜水艇

【写真上】海軍の特二式内火艇。昭和17年（1942）に採用された水陸両用戦車で、上陸作戦での使用を目的に陸軍技術研究所の協力を得て開発された。特式内火艇はこの二式から五式まである。【下】陸軍の三式潜航輸送艇（通称マルゆ）。輸送用の潜水艇で魚雷などの武装は装備していない。海軍に秘密で開発された。

陸海軍中央協定

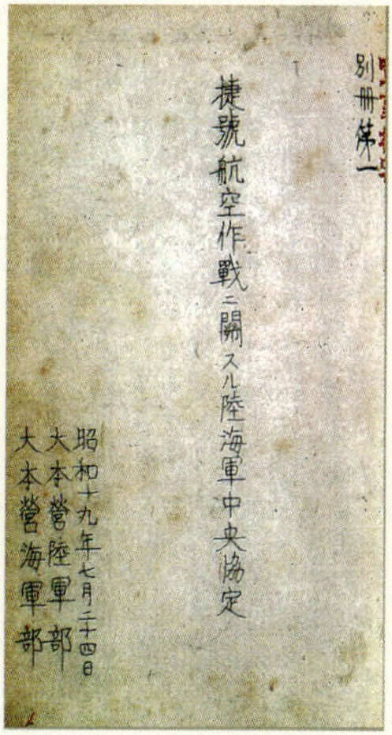
別冊第一
捷號航空作戰ニ關スル陸海軍中央協定
昭和十九年七月二十四日
大本營陸軍部
大本營海軍部

昭和19年のフィリピンでの決戦の前に策定された「捷号航空作戦ニ関する陸海軍中央協定」。陸海軍の航空戦力の統合的運用を目指して結ばれた協定だったが、攻撃目標を海軍機は敵空母、陸軍機は敵輸送船団としている点など、この時期に至ってもなお両論併記の色が濃い。（防研）

軍令部

軍令を管掌する“海軍の頭脳”

国防計画、作戦立案などの軍令事項を掌っていたのが軍令部である。トップの軍令部長（軍令部総長）以下、各部局がそれぞれ担当する業務を行っていた。

日本海軍は軍政・軍令の二元主義を採用していた。平たくいうと、軍隊の行政面と作戦用兵面を分けて二本立ての組織系統で扱おうというものだ。このうち**軍令**とは国防計画、作戦計画、平戦両時における兵力の使用といった軍隊運用に関わる事柄を指し、**軍令部**が管掌する。軍令部はいうなれば作戦用兵を扱う海軍の頭脳なのだ。軍令部は明治 17 年（1885）に海軍省外局として設置され、明治 26 年に海軍軍令部となった。昭和 8 年（1933）に海軍の二文字を廃して単に軍令部とする名称格上げが行われ、事実上参謀本部と対等の組織となり、トップの**海軍軍令部長**も**軍令部総長**となった。

軍令部は陸軍の参謀本部と共に天皇直属の機関で、内閣の外に位置していた。これは**統帥権の独立**を具体化したもので、このため戦前の政府は軍令部の行動に対して指図することができなかった。軍令部長（軍令部総長）は最高位の幕僚として、軍令事項について海軍の最高司令官である天皇を補弼することと、天皇の命令を一元的に軍内に伝達することが役割である。軍令部長（軍令部総長）の下には副官（次長）と第一から第四までの部が置かれ国防、作戦用兵に関する立案作業等を行った。

陸海軍の軍令上の命令系統は上から下への一本で、順繰りに命令が下達され、個々の艦隊や部隊が 2 か所以上から作戦運用に関する命令を受けることはない。ちなみに**連合艦隊**は軍令部の指揮系統に属するが、軍令部は連合艦隊所属の個々の艦艇を直接指揮することはできない。あくまで軍令部が作戦を立案し、連合艦隊が動くというのが原則だ。しかし、太平洋戦争においては緒戦のハワイ作戦の成功で連合艦隊司令長官・山本五十六と同司令部の参謀たちの発言力が増大、**ミッドウェー作戦**の実施に反対する軍令部に対し、山本らは作戦実施を強硬に主張、軍令部に認めさせるという、前述の原則とは相反するような局面も見られた。

軍令部の組織

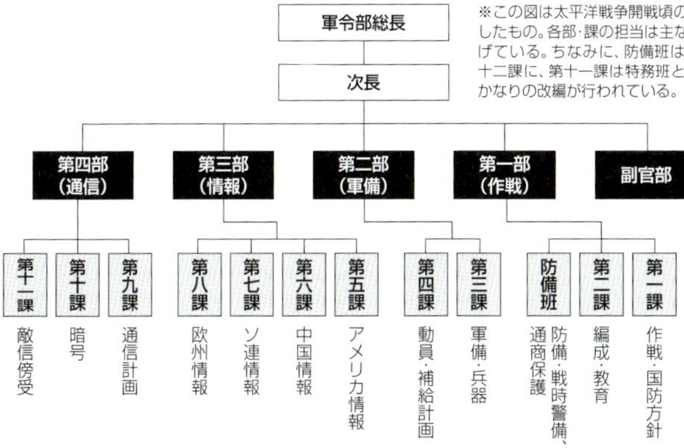

※この図は太平洋戦争開戦頃の組織を示したもの。各部・課の担当は主なものを挙げている。ちなみに、防備班はのちに第十二課に、第十一課は特務班となるなどかなりの改編が行われている。

軍令部長（総長）と高松宮

樺山資紀

伊東祐亨

伏見宮博恭王

永野修身

高松宮宣仁親王（中央手前）

樺山資紀と伊東祐亨はそれぞれ日清戦争と日露戦争時の海軍軍令部長。伏見宮は軍令部長から軍令部総長に改称される時期（在任：昭和7年～16年）に在任しており、軍令部の権限強化に大きな役割を果たした。伏見宮の後任として昭和19年まで軍令部総長だった永野修身は対米戦に消極的だったが、開戦派に押し切られた。高松宮は昭和11年に軍令部に出仕、15年まで第二部、第三部、第四部で勤務、その後、艦隊勤務を経て昭和16年11月に再び軍令部に戻った。和平派で対米戦回避を唱えた。

海軍省

軍政を担う“お役所”

軍令事項を管掌する軍令部に対し、海軍の軍政、つまり海軍という組織に関する「お役所仕事」を担当したのが海軍大臣を長とする海軍省である。

海軍において**軍政**（行政的な側面）を担う官僚組織が**海軍省**で、それまでの兵部省を廃止して明治5年（1872）に陸軍省と共に設置された。軍令部と異なり、海軍省は内閣組織中の一省で、トップは天皇に直隷する海軍大臣である。明治33年（1900）に、陸海軍大臣を現役の大・中将に限って任命するという**軍部大臣現役武官制**が採用されると、軍は意向に沿わない内閣の場合、組閣妨害という圧力を政府にかけることができるようになり、軍部の独走を助長した（大正2年［1913］に一旦廃止されるが、昭和11年［1936］に復活している）。

海軍大臣は天皇を輔弼し軍政を管理する。大臣の下には次官と政務次官のポストがあり、大臣には海軍省副官と大臣秘書官が付く。帝国議会との交渉は、政務次官または参与官が当たった。

海軍省には大臣官房と軍務、兵備、人事、教育、軍需、医務、経理、法務の9部局があった。軍隊は戦闘集団であるが、同時に物資を購入し、人員を集め、教育し配置を決め、裁判（軍法会議）を行うなど役所仕事も多い。そのため、こうした官僚組織が必要なのである。

軍備・部隊編成・演習・検閲などは**軍務局**の、出師準備（→54頁）や軍需品調達は**兵備局**の、需品や燃料・被服などの準備は**軍需局**の管轄とされた。**経理局**はその名のとおり予算、決算、契約、集中購買を行う。**法務局**は軍事司法、懲罰、監獄に関する事項を扱う。ただし憲兵隊は海軍には存在せず、海軍軍人がらみの事件も陸軍の憲兵隊が取り扱った。また海軍将官会議、技術会議、艦政本部、航空本部、水路部、海軍大学校、海軍兵学校、海軍機関学校、海軍高等軍法会議等の組織も海軍省の下に置かれた。

海軍省は、内部組織の細かい改廃を経ながら太平洋戦争終結後の昭和20年（1945）12月1日まで存続、この日以降は**第二復員省**が後を引き継いで残務処理を行っている。

海軍省の組織

海軍大臣

次官

内部部局

- **大臣官房**
- **軍務局**　軍備・部隊編成・演習・検閲
- **兵備局**　出師準備・軍需品調達
- **人事局**　軍備・兵器
- **教育局**　海軍軍人の教育・国民への啓発活動
- **軍需局**　軍需品や燃料・被服などの準備
- **医務局**　医療研究および衛生管理
- **経理局**　予算、決算、契約、集中購買
- **法務局**　軍事司法、懲罰、監獄に関する事項

外局

海軍将官会議
海軍技術会議
海軍艦政本部
海軍航空本部
海軍教育本部
水路部
海軍高等軍法会議
海軍東京軍法会議
施設本部

［教育機関］
海軍大学校
海軍兵学校
海軍機関学校
海軍経理学校
海軍軍医学校
など

この他、太平洋戦争中に上記の部局の改編や新設により、運輸本部、船舶救難本部、電波本部、船舶警戒部、潜水艦部、特攻部、特兵部、化兵戦部、緊急戦備促進部などの特設部があった。

海軍省の主要人物

西郷従道

山本権兵衛

米内光政

霞ヶ関にあった海軍省の建物。軍令部も同じ建物内にあった。明治27年（1894）に完成した赤レンガのこの建物は戦後解体され、その跡地は現在、農林水産省の本省庁舎になっている。

西郷従道は明治18年（1885）に初代海軍大臣となり、同31年まで3度にわたりその職を務めた。西郷の後を継いだ山本権兵衛は日露戦争後の明治39年まで海軍大臣の地位にあり、その優れた行政手腕からのちに自ら内閣を率いた。米内光政は太平洋戦争前、海軍大臣と首相を務め三国同盟や日米開戦に反対した。昭和19年（1944）に再度、海軍大臣となり、終戦を挟み、海軍省が第二復員省となる昭和20年12月1日まで、最後の海軍大臣としてその職にあった。

2-5 海軍艦政本部

艦艇・兵器の設計・開発の総元締

艦艇や兵器の開発、設計、製造、輸入や兵器の技術研究、さらには燃料行政までを取り仕切っていたのが海軍省の外局である海軍艦政本部であった。

日本海軍は多数の艦艇を保有していたが、これらの艦艇の建造や兵器開発は海軍自らが行っており、輸入艦艇・兵器も海軍が審査、購入していた。こうした、艦艇や兵器を計画、設計して審査を行い、建造したり修理したりする部署が海軍省に所属する**海軍艦政本部**である。また建造するだけでなく、諸外国の海軍の艦艇研究や調査も行った。さらに、航空機が登場して間もない大正時代の一時期には、その開発設計、製作も行っていた。ただし艦政本部はデスクワークが中心で、実際の建造と修理は各海軍工廠や民間メーカーの仕事で、そのための監督や技術指導を行った。

設立当初の艦政本部は造船部（艦艇の設計、開発）、造機部（機関の計画、開発）、造兵部（兵器の開発、設計）、燃料部の4部門があった。その後、何度か改編が行われ、太平洋戦争期には燃料部が独立（燃料廠）し、砲熕部（大砲）、水雷部、電気部（無線、電探）、航海部、潜水艦部が加わって7部門になった。

艦政本部は大正4年（1915）に、一時的に組織を縮小し海軍省の艦政部となっており、その際に技術研究を行う海軍技術本部が創設されている。これで業務分担を行うはずだったが、その結果は、艦政部と技術本部の両方で艦船、兵器の造修業務に関わることとなってしまい、かえって不都合を生じた。そのため、5年後の大正9年には艦政部と海軍技術本部は廃止され、艦政本部が復活している。

また、大正13年（1924）には、海軍航空機試験所と海軍艦型試験所を統合した**海軍技術研究所**が艦政本部の下部組織として新設された。この海軍技術研究所は、海軍関係の技術研究、調査、試験だけでなく、必要に応じて兵器・材料の製造や修理も行った。その担当範囲は意外に広く理学、化学、電気、材料、造船、実験心理の各研究部を持っていた。さらに、火薬類とその原料の研究、製造に関わる海軍火薬廠を隷属させていた。

海軍艦政本部の組織

※昭和18年(1943)以降、終戦までの組織を示す。

海軍大臣

艦政本部長

- **第一部「砲熕部」** 大砲
- **第二部「水雷部」** 魚雷・機雷
- **第三部「電気部」** 無線・電探
- **第四部「造船部」** 造船計画
- **第五部「造機部」** 機関
- **第六部「航海部」** 航海兵器・光学兵器
- **第七部「潜水艦部」** 潜水艦に関する行政業務
- **臨時商船班** 商船の戦時急造
- **海軍技術研究所** 付属研究機関

大正2年(1913)ごろ、呉工廠で建造中の戦艦「扶桑」。艦政本部はこうした新造艦の船体・機関・兵装・燃料・材料等、あらゆる分野を管掌していた。

歴代の艦政本部長(左から斉藤実、岡田啓介、豊田副武)。このうち斉藤と岡田はのちに海軍大臣、総理大臣を、豊田は連合艦隊司令長官、軍令部総長を務めている。海軍軍人にとって艦政本部長はエリートコースのひとつであった。

海軍航空本部

海軍航空の行政・計画機関

航空機の発達に伴い艦政本部から独立する形で生れた航空本部は海軍航空の行政・計画機関として、その発展に重要な役割を果たした。

海軍航空本部というと、**海軍航空隊**を運用して作戦を行う組織に思えるが、海軍航空本部は海軍航空の軍政面を担当する行政・計画機関である。一般になじみは薄いが「機関」というのは行政用語で、何かを行う組織のことだが、計画を立案する部署は計画機関、実務を行う部署は作業機関あるいは実施機関と呼ばれる。日本海軍が運用した多数の航空機の保管や準備供給、設計や兵器開発、輸入は艦艇と同様に海軍自ら行っていた。海軍航空本部は、こうした航空機の計画、審査を行った。また艦船に搭載する航空機の整備計画の立案や審査も担当していた。

その他、航空術の教育、航空兵器に関する技術に従事する造兵科士官以下の教育なども掌握していた。

つまり、海軍航空隊で使う機体がどれだけ必要かを積算し、必要な機体を開発、輸入する計画を立てて発注したり、その整備等の計画を立てると同時に、搭乗員や整備員の人数を積算し教育計画の立案も担当する。そのために必要な事務的作業を行うが、実際の設計は各メーカーや**海軍航空技術廠**（空技廠）が受け持ち、教育も実務は教育航空隊が行う。つまり航空本部は計画機関であり、民間メーカーや航空隊が作業機関にあたるわけだ。ちなみに空技廠は横須賀鎮守府の管轄下にあり追浜に置かれた機関で、航空機の設計・研究、材料の研究や審査を行った。

航空本部の設立は昭和２年（1927）と新しい。海軍の航空機導入は大正時代の初めのことだが、当初は、のちに航空本部が行うことになる仕事を**海軍艦政本部**が行っていたが、海軍航空の規模の拡大と役割の増大により独立した組織が作られたのだ。当初は総務部、教育部、技術部の３部構成であったが、太平洋戦争時には航空戦力の重要度が増したたこともあって、会計、教育、総務の３部と第一から第四の４部を併せた７部と、４つの直属機関を有する大組織へと変貌した。

航空機の製造

九六式陸攻を製造中の三菱もしくは中島の飛行機工場。海軍航空本部は軍用機の製造において民間メーカーの指導・監督を行い、航空戦力の増強を推進した。

海軍航空本部長

及川古志郎

山本五十六

井上成美

及川古志郎は日中戦争初期の航空本部長で支那方面艦隊司令長官と兼任だった。山本五十六は及川の前後2度にわたって本部長の職にあり、基地航空隊だけでなく空母航空隊の発展に重要な役割を果たした。日米開戦前に本部長だった井上成美は及川、山本と知己の間柄で、海軍航空の空軍化を主張した。井上は昭和20年に再び本部長の職に就いている。

昭和20年7月7日、空技廠に隣接する追浜飛行場で試験飛行を行なう「秋水」。ドイツのMe163を元に空技廠を中心とする海軍と陸軍、三菱の共同開発で試作された。

海軍と燃料

石炭から重油へ。燃料確保に奔走する海軍

日本海軍が誕生した明治初年には、蒸気軍艦の時代となっており、石炭の確保が急務となった。そこで明治4年（1871）、薩摩藩が唐津に所有していた炭鉱を兵部省に献納したのがきっかけとなり、海軍は唐津石炭用所を設置した。明治23年（1890）には現在の福岡県糟屋郡志免町にあった志免炭鉱に新原採炭所（佐世保工廠の所管）が開設され（明治33年［1900］8月に海軍採炭所と改称、海軍艦政本部に移管）、日清戦争まではここの石炭で海軍の必要量をほぼ賄っていた。また明治28年には徳山に海軍練炭製造所が開設されている。低質の石炭を効率よく燃焼させられる練炭は、船舶用の燃料として使われた。

日清戦争の戦訓により煤煙の多い国内炭は不適とされ、日露戦争では良質の英国炭が用いられたが、所要量のすべてを賄うことはできず、国内炭も併用されたが、第一次大戦頃から、燃焼効率が良く、扱いやすい重油の使用が世界的趨勢となった。日本海軍も、すでに日露戦争直後から重油の燃焼実験に着手していたが、重油の原料となる**石油**の国内産出量が極めて少ないため、海軍は海外の石油会社と契約を結び輸入を行った。輸入先には仮想敵であるアメリカも含まれていた。

燃料の石炭から重油への移行が本格化した大正10年（1921）には、前記した徳山の海軍練炭製造所は**海軍燃料廠**と改称され、大正から昭和にかけて徳山の他に横須賀、佐世保、呉などに重油タンクが建設されていった。

日米戦争の可能性が高まってくると、日本は石油の対米依存から脱却するべく、アメリカ以外の入手ルートの確保に狂奔、南洋、サウジアラビア、蘭印などに石油外交を展開したが、いずれも挫折した。一方で、人造石油の開発にも着手している。昭和16年には燃料消費の増大から燃料廠組織も拡大し、第一から第六までの燃料廠が設置された。

太平洋戦争緒戦での南方資源地帯占領に伴い蘭印の石油を手に入れたが、結局、アメリカの通商破壊戦により、本土に運べず、艦隊を動かすこともままならずに敗戦を迎えることになった。

日本の原油の輸入、国内生産、在庫高（外地および満州を含む）

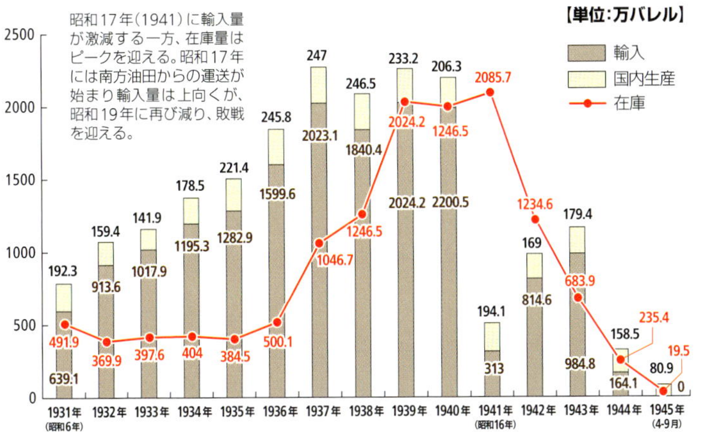

出典:「日本戦争経済の崩壊」（アメリカ合衆国戦略爆撃調査団／著・正木千冬／訳）

日本陸海軍は南方の占領地を陸軍地域、海軍地域に分けて軍政を行うとともに、石油等の資源もそれぞれで行う方式を採った。写真は海軍地域に含まれる蘭領ボルネオのサンガサンガ油田の採油施設での光景。

軍政機関と作戦部隊の2つの顔をもつ地方機関

軍政機関と内戦作戦部隊という2つの側面を持ち、主要な軍港に配置されていたのが、鎮守府とそれに準じる役割を持つ警備府である。

鎮守府は軍政実施機関であると同時に、内戦作戦（近海での作戦）を担当する作戦部隊でもあるという2つの顔を持つ存在だ。鎮守府には、司令長官以下、参謀長、副官、参謀、人事長、機関長、軍医長、主計長、法務長の各幕僚と司令官直属の官衙、工作庁、各術科学校、海兵団等の隷属部隊が存在していた。軍政面では**海軍大臣**の指揮を受け、作戦計画に関しては**軍令部総長**の指示を受ける。

軍政実施機関としての鎮守府は、日本海軍の地方機関として**特務士官**以下の人事を扱う。また、海軍の艦船、部隊はすべて、いずれかの鎮守府に本籍を置いていた。鎮守府には病院や学校、監獄まであり、策源地、休養地、補給地として機能し、教育を行う場所でもあった。

内戦作戦部隊としての鎮守府は、沿岸警備と近海の担当海面警備という防衛的な任務を帯びていた。このため所属する小艦艇や旧式艦艇、潜水艦などが機雷敷設や対潜哨戒、掃海などを行った。

鎮守府は明治8年（1875）に初めて東海、西海の2鎮守府が設置され、明治17年に東海鎮守府が**横須賀鎮守府**になったのを皮切りに**呉**、**佐世保**、**舞鶴**の各鎮守府が新設されて、明治34年（1901）には4鎮守府体制となった。これらはヨコチン、クレチン、サセチン、マイチンと俗称されて終戦まで長く国内で親しまれた。明治38年から大正2年（1913）までの8年間だけ旅順鎮守府が存在、また舞鶴鎮守府は大正12年から昭和14年（1939）までの間、要港部に格下げされているが、残りの期間は4鎮守府体制が維持された。

一方、対馬の竹敷などの軍港に置かれた**要港部**はミニ鎮守府というべき機関で、所轄警備区の防御、警備、軍需品の配給等を行った。各地の要港部は廃止や改編を経て昭和16年11月に大湊、鎮海、旅順、馬公がより権限の強い**警備府**に昇格し、さらに海南島などの外地にも新たに設置された。

佐世保・舞鶴・呉・佐世保

かつて呉鎮守府(明治23年開庁)庁舎として使われていた建物。現在は海上自衛隊呉地方総監部庁舎となっている。

舞鶴鎮守府(明治34年開庁)。写真は昭和14年頃の庁舎で、建物は現存しない。(写真提供:毎日新聞社)

●鎮守府と警備府の配置
(昭和16年)

横須賀鎮守府(明治8年に東海鎮守府として設置、17年に横須賀鎮守府と改称)。現在、この建物は米海軍横須賀基地内で司令部として使われている。

※(横)以下の記号は、それが付された官衙・学校が、その鎮守府などにしか置かれていないことを示す。

佐世保鎮守府(明治22年開庁)。

鎮守府の構成

部隊	官衙		学校
警備戦隊	海軍人事部	海軍衣料廠(横)(大)	海軍砲術学校(横)
防備戦隊	海軍経理部	海軍療品廠(横)(大)	海軍水雷学校(横)
海軍連合航空隊	海軍施設部	海軍病院	海軍対潜学校(横)
海兵団	海軍軍需部	鎮守府軍法会議	海軍航海学校(横)
海軍警備隊	海軍艦船部	海軍刑務所	海軍通信学校(横)(呉)
防備隊	海軍工廠	海軍港務部	海軍潜水学校(呉)
潜水艦基地隊	海軍航空技術廠(横)		海軍工機学校(横)
海軍航空隊	海軍航空廠		海軍工作学校(横)
海軍通信隊	海軍火薬廠(横)(舞)	(横)=横須賀鎮守府 (舞)=舞鶴鎮守府 (呉)=呉鎮守府 (佐)=佐世保鎮守府 (大)=大阪商港警備府	
艦船	海軍燃料廠(横)(呉)(佐)		

連合艦隊

もともとは臨時に編成される非常設の艦隊

日清戦争で初めて2個艦隊を合わせて誕生した連合艦隊は、必要に応じて臨時に編成されたが、昭和に入って常設のものとなった。

日本海軍といえば真っ先に思い浮かぶのが**連合艦隊**だが、実は海軍発足時には存在しなかった。連合艦隊は2個以上の艦隊を集合して編成される、非常設の、艦隊の上位の編制単位だが、その名が登場するのは明治17年（1884）の「艦隊編制令」が最初だ。

もっともこの時は、連合艦隊は編成されておらず、実際に編成されたのは、それから10年後の明治27年、日清戦争においてである。この時初めて「**警備艦隊**」（のちに**西海艦隊**と改称）と「**常備艦隊**」を合わせた連合艦隊が編成された。この連合艦隊は日清戦争の終結に伴って明治28年11月15日に西海艦隊が解散となったのに伴い編成が解かれた。

次に連合艦隊が編成されたのは日露戦争を目前に控えた明治36年（1903）12月のことで、当時の第一から第三までの3個艦隊のうち、第一艦隊と第二艦隊をまとめて編成された。その後に第三艦隊と新たに作られた第四艦隊も連合艦隊に組み入れられている。この連合艦隊も日露戦争終結に伴い、明治38年12月20日に解散された。このように連合艦隊はもともと戦時に臨時編成されるもので常備の艦隊ではない。その後も大演習が行われる折などに臨時に連合艦隊が編成されたが、大正11年（1922）度より毎年、4月初頭に編成されるようになり、昭和8年（1933）にようやく恒常的な編制となった。

太平洋戦争開戦時の連合艦隊は航空艦隊2個を含む9個艦隊を持つ大編成となるが、戦局の悪化に伴い艦艇数は減少、昭和20年4月には海軍総隊に組みこまれた。

連合艦隊司令長官は、日清戦争では西海艦隊司令長官（伊東祐亨中将）が、日露戦争では第一艦隊司令長官（東郷平八郎大将）が兼任していた。その後も戦艦部隊の第一艦隊司令長官が兼任だったが、連合艦隊が常置されると専任となった。

連合艦隊の変遷

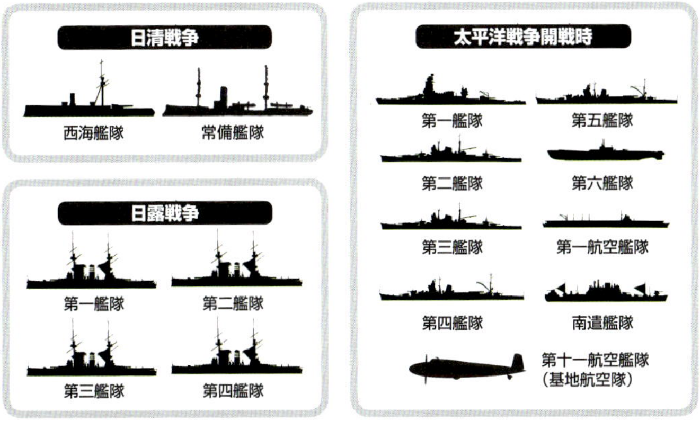

連合艦隊司令長官

東郷平八郎

鈴木貫太郎

山本五十六

古賀峯一

小沢治三郎

日露戦争頃までは東郷平八郎を始め薩摩藩出身者が多かった。連合艦隊出身者でのちに総理になったのは鈴木貫太郎、岡田啓介、米内光政の3名。太平洋戦争開戦以降務めていた山本五十六の死後、本職を継いだ古賀峯一も遭難事故で死亡した。在任中に亡くなったのはこの2名だけ。小沢治三郎は最後の司令長官である。

水上艦部隊の編成と役割とは

水上艦部隊は任務や状況に応じて、艦隊、戦隊、小隊といった単位に分割される。また、それぞれの艦隊にはその役割や構成艦種に特徴があった。

日本海軍は、太平洋戦争開戦時には大小併せて600隻もの艦艇を保有していた。といってもこれらの艦艇はひとまとめで動くわけではなく、役割に応じていくつかの艦隊、戦隊に区分されていた。

艦隊とは2隻以上の軍艦で編成された部隊で、必要に応じて駆逐隊、潜水隊、海防隊、水雷隊、掃海隊、駆潜隊などが付属する。また、航空隊や港務部、防備隊などの機関が付属することもあった。日本海軍は艦隊に番号や役割、あるいは派遣先に応じた名称を付けて、第一艦隊とか南遣艦隊などのように呼んでいた。

艦隊の隻数は最低2隻で上限はないが、あまりに多いと統率に混乱が生じたりするなど不便なので、**戦隊**や、さらに細かい**小隊**に区分することもあった。このように艦隊を区分することを「**艦隊区分**」と呼ぶ。

戦隊は軍艦2隻以上か、駆逐隊あるいは潜水隊から編成され、航空機が登場してからは、基地航空隊2隊以上や複数の空母航空隊で編成される航空戦隊も登場した。

戦隊は、戦艦2隻から成る場合は例えば第一戦隊、主力が駆逐艦の場合は水雷戦隊、主力が潜水艦の場合は潜水戦隊というように、部隊の主たる戦力が何かによって名称が変わる。

ところで、艦隊にはそれぞれ役割の違いがあった。主力の戦艦部隊である第一艦隊は太平洋戦争開戦時までは水上砲戦が任務で艦隊決戦を担うことになっていた。また臨時編成される第三艦隊は太平洋戦争中に空母を中心とする機動艦隊となっている。第六艦隊は潜水艦の部隊で、戦前には米主力艦隊に対する監視と魚雷攻撃が主任務だった。

水上艦部隊の編成

1270トン級の一等駆逐艦で編成された第5駆逐隊。水雷戦隊は二等巡洋艦（軽巡洋艦）を旗艦に、複数の駆逐隊で編成される。

連合艦隊（司令長官）

●2個以上の艦隊で編成

艦隊（司令長官）

●軍艦2隻以上で編成。必要に応じて駆逐隊（2隻以上の駆逐艦）、潜水隊（2隻以上の潜水艦）、水雷隊（2隻以上の水雷艇）、掃海隊（2隻以上の掃海艇）、航空隊、または駆逐艦、潜水艦、水雷隊等を編入。港務部、防備隊、特務艦を付属することもある。
●必要に応じて戦隊に区分することもある。

軍艦×2

軍艦×2+駆逐隊×2

艦隊 艦隊 艦隊

戦隊（司令官）

●軍艦2隻以上または軍艦と駆逐隊あるいは潜水隊で編成。必要に応じて水雷隊や掃海隊を編入。（水雷戦隊＝2隊以上の駆逐隊と軍艦1隻／潜水戦隊＝2隊以上の潜水隊と軍艦1隻／航空戦隊＝2隻以上の航空母艦［水上機母艦］と駆逐艦その他で編成。または基地航空隊2隊以上）

軍艦×2

水雷戦隊（軍艦×1+駆逐隊×2）

戦隊 戦隊 戦隊

艦隊と戦隊の編成例

機動部隊・空襲部隊
（真珠湾攻撃時）

第1航空艦隊
（司令長官：南雲忠一中将）

- 第1航空戦隊
  （空母「赤城」「加賀」）
- 第2航空戦隊
  （空母「蒼龍」「飛龍」）
- 第5航空戦隊
  （空母「翔鶴」「瑞鶴」）

機動部隊・警戒部隊
（真珠湾攻撃時）

第1水雷戦隊
（司令官：大森仙太郎少将）
（軽巡「阿武隈」）

- 第17駆逐隊
  （駆逐艦「浜風」「谷風」「磯風」「浦風」）
- 第18駆逐隊
  （駆逐艦「霞」「霰」「秋雲」「不知火」「炎」）

基地航空隊と空母航空隊の2つの形態がある

第一次大戦の青島攻略戦で初陣を飾った海軍航空隊は、その後、基地航空隊と空母航空隊の2つの形態で発展。航空主兵の時代の戦いを担った。

日本海軍が航空機に着目したのは、明治 42 年（1909）のことであった。航空機の研究と留学生の派遣などで、大正元年（1912）には初飛行を行い、大正 3 年に勃発した第一次大戦では**青島攻略戦**で 4 機をもって実戦参加している（航空機運送艦「**若宮**」からの出撃）。当時の航空隊は保有飛行機 22 機という小規模な組織であった。大正 5 年、「**海軍航空隊令**」の制定により海軍航空隊が正式化された。同年、新たに横須賀海軍航空隊が開隊、まずは実戦部隊と教育部隊各 1 隊が生まれ、続いて「若宮」を母艦とする艦隊航空隊が編成された。大正 8 年には初の航空母艦「**鳳翔**《ほうしょう》」も就役し空母航空隊の基礎が作られた。その後、海軍航空は基地航空隊と空母に所属する空母航空隊として発展していく。

基地航空隊は航空兵力の増大により、当初設置された軍港、要港以外にも開設され、日中戦争では木更津航空隊と鹿屋航空隊の中型陸上攻撃機を主力とする初の**連合航空隊**（**第一連合航空隊**）が編成された。こうした複数の航空隊を合わせた連合航空隊は、空母航空隊の場合も同様に**航空戦隊**へと発展した。

昭和 3 年、空母「赤城」「鳳翔」の 2 隻で初の航空戦隊（**第一航空戦隊**）が編成された。その後、空母の集中運用が攻撃に有利と考えられるようになり、それぞれ 2 隻の空母航空隊から成る航空戦隊を複数集めた**航空艦隊**（**第一航空艦隊**）が昭和 16 年 4 月に誕生した。こうして昭和 16 年（1941）の日米開戦時には、空母航空隊の第一航空艦隊（第一、二、四、五航空戦隊）と基地航空隊の第一一航空艦隊（第二一、二二、二三航空戦隊）が編成されていた。

昭和 17 年 6 月のミッドウェー海戦で打撃を受けた第一航空艦隊は昭和 18 年 7 月に、決戦用戦力として温存するため大本営直属の基地航空隊として再編成されたが、昭和 19 年に連合艦隊に編入され、マリアナ基地に配備された。

また、基地航空隊は昭和 17 年の改編で教育任務の練成部隊を除き 3 桁の番号を航空隊名とする形に変更された。

海軍航空隊の変遷

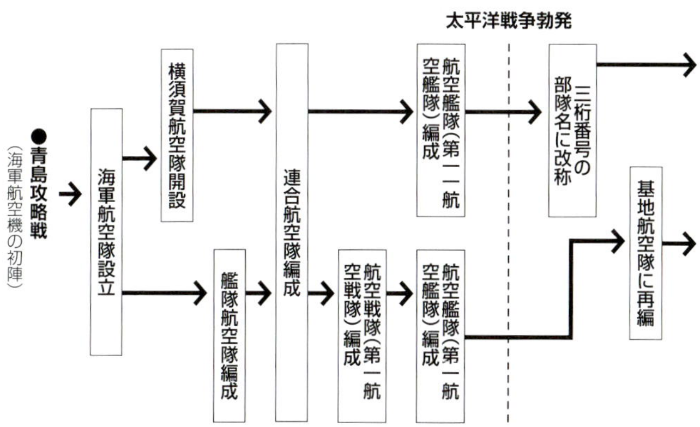

昭和16年12月、ハワイ攻撃に向けて発艦準備中の第一航空艦隊。手前は空母「蒼龍」の九九式艦上爆撃機。奥の空母は「飛龍」。

日中戦争中の昭和13年（1938）、重慶爆撃に向かう九六式陸上攻撃機の編隊。鹿屋・木更津航空隊の陸攻機は当初は台湾の台北に進出、中国本土に渡洋爆撃を行ない、その後、上海方面に移動し重慶への爆撃を行った。

2-11 **陸戦隊**

海軍の陸上部隊の歴史と種類

海軍にあって上陸作戦や陸上戦闘、はては落下傘降下まで行う地上部隊、それが陸戦隊で、昭和以降その規模は年を追って拡大されていった。

陸戦隊とは、地上戦や近接戦闘のために武装した海軍部隊のことだ。軍隊として独立しているアメリカやイギリスの海兵隊のような例は珍しく、陸戦隊として海軍に所属している例が多い。

日本海軍では、明治初期に敵艦に乗り込む急襲部隊として海兵隊が設置され、明治７年（1874）の台湾出兵などに出動している。しかし、帆船時代さながらの敵艦乗り込みはすぐに時代遅れとなり、明治９年に廃止され、以後は必要に応じて艦艇の乗組員から陸戦隊が編成されるようになった。

昭和に入ると、**上海特別陸戦隊**の設置を契機に陸戦隊が常備されるようになった。太平洋戦争開戦直前には小規模な上陸作戦を考慮した特別陸戦隊が編成され、**横須賀第一特別陸戦隊**のように所属する鎮守府名を冠した名称で呼ばれた。特別陸戦隊には落下傘部隊（空挺部隊）まで存在した。さらに大戦末期には複数の特別陸戦隊を集成した**連合特別陸戦隊**も編成された。一方、必要に応じて将校、水兵で陸戦隊を臨時編成することもあり、これらは、「**艦船陸戦隊**」と呼ばれ、乗艦の名称から金剛陸戦隊などと命名された。この他、陸戦隊ではないが、術科学校や海兵団を組織化した**警備隊**もあり、占領地の警備や地上防御を行った。また、基地建設や陣地構築を任務とする**設営隊**や基地防備を行う**防空隊**、拠点となる基地の防備・運営を行う**根拠地隊**・**特別根拠地隊**などの地上部隊もあった。

陸戦隊の装備は、一部に独自開発したものや輸入兵器も存在し、艦艇から外した火砲、機銃もみられた。独自開発の兵器の中には水陸両用戦車「**特式内火艇**」まで存在した。他はおおむね同時期の陸軍に準じていた。

陸戦隊を精鋭とする意見もあるが、その戦術能力は専門部隊である特別陸戦隊でさえ陸軍に劣っていたとされ、海軍自身これを自覚しており、陸軍に学んだという。とはいえ海軍将校の中には陸戦の専門家となった者もおり、陸戦参謀という職務まで存在していた。

特別陸戦隊

写真は横須賀特別陸戦隊。重機関銃など陸戦隊の火器の多くは陸軍と同じものを使用していた。

**第二次上海事変（昭和12年）当時の
海軍陸戦隊一等水兵**

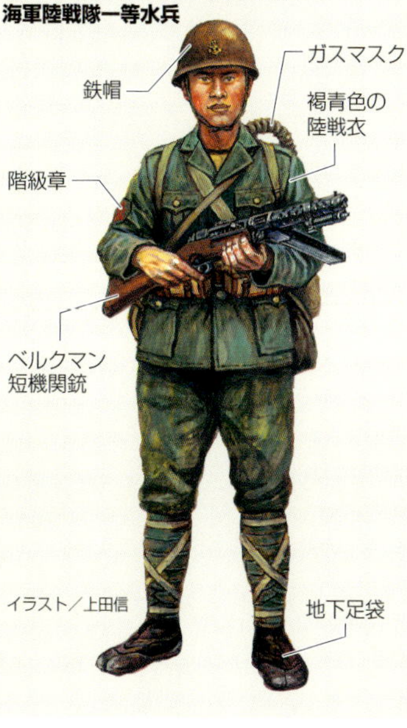

イラスト／上田信

連合特別陸戦隊の編制

鎮守府

連合特別陸戦隊

- 特別陸戦隊
  - 本部
  - 指揮官（少将または大佐）
  - 銃隊　砲隊　付属隊
  - その他、戦車隊など編成は様々。
  - 定員1594人（または1136人）
- 特別陸戦隊
- 特別陸戦隊
- 特別陸戦隊
- 特別陸戦隊

連合特別陸戦隊は2個以上の特別陸戦隊で編成される。人員数は時期や部隊によって異なる。

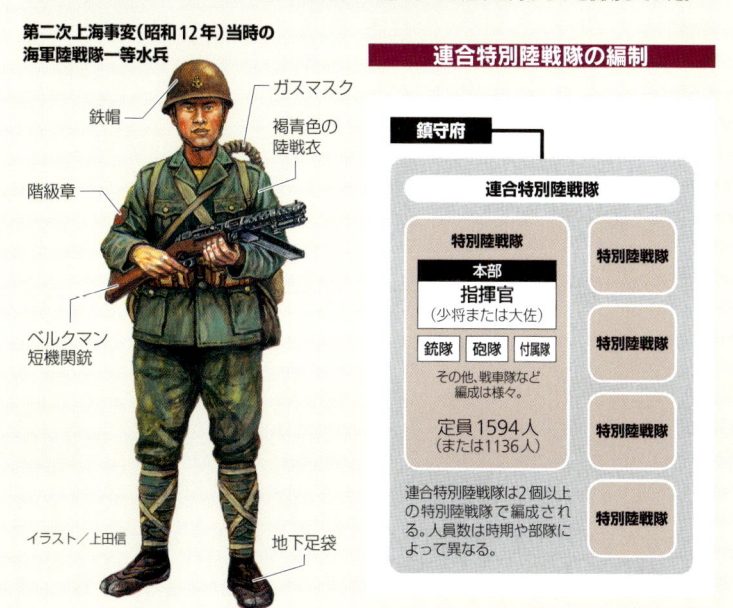

2-12 出師準備

平時から戦時への態勢転換作業

通常、動員と呼ばれる戦争準備作業を、日本海軍では「出師準備」と呼んだ。それは艦船から人員、機材等に至るまでを、戦争即応態勢へと転換する作業を指した。

平時の軍隊は100パーセントの戦力を発揮できる状態にあるわけではない。予算の都合もあって人員は充足されていないし、兵器のオーバーホール等もある。何より軍隊を完全な状態の戦力で維持し続けることは経済的な負担が大きすぎるのだ。そこでいざ開戦という時点で不足している人員や物資を集め、旧式な兵器を整備するなどして戦闘態勢を整えなければならない。一般的にはこれを動員と呼ぶが、日本海軍では**出師《すいし》準備**と呼んでいた。「国軍を平時の態勢より戦時の態勢に移し、且《かつ》戦時中之《これ》を活動せしむるに要する準備作業を謂《い》う」というのが日本海軍の定義である。

出師準備が発令されると海軍は全力を発揮できるように、艦船部隊や海軍の官衙、学校など海軍諸機関を平時から戦時態勢に移行し、戦時中もその状態を持続維持するために必要な準備をする。艦船部隊には平時から保有する艦艇に加えて、一般商船等を徴用し、特設艦船として戦時態勢に組み込む。

出師準備は平時に策定された出師準備計画に基づいて行なわれる。この計画では艦船部隊の整備、器材準備、人員補充、速成教育、軍需品の補充、運輸などの細部が決められていた。

出師準備計画を計画順序に基づいて実施することを**出師準備作業**と呼び、第一着作業と第二着作業に区分されていた。第一着作業では、戦時編成表中の主要艦船部隊、特設艦船部隊その他諸機関の整備、開戦初期の活動に必要な作業を実施する。第一着作業は第一次から四次の4段階に分割され、その期間は昭和15年（1940）頃の計画では各次それぞれ40日の合計160日と見込まれていた。第二着作業では、第一着作業で未着手の艦船部隊、諸機関の整備、戦力発揮の増進に必要な作業、戦時編制表以外の艦船の戦時急速工事の着手を行う。つまり開戦後の継戦能力維持の準備となる。ただし出師準備はあくまでも準備であり、その開始をもって戦争の決意と見なすのは無理がある。

命令の種類

大海令、大海指、封緘命令

天皇が発し軍令部総長が部隊に伝える「大海令」、大海令に基づき軍令部総長が指示する「大海指」など、海軍にはさまざまなレベル、種類の命令がある。

命令とは、指揮権を持つ上官から部下に対してある行為を指図して行わせることだ。命令は発令者の意思を表し、実行の方法を定め、部下に了解させて強制する行為でもある。特に軍隊において命令は、部下に絶対の服従を要求するものである。その意味で軍隊は編制という組織体系の下、上意下達で命令が末端まで行き渡って機能する組織なのである。そのため軍隊組織では階級と先任順位が決められており、指揮権の継承序列を定めた**軍令承行令**という法令がある。これにより、指揮官が戦死や負傷しても命令が伝わるようになっていた。

こうして下される命令の中でも、勅裁（天皇の認可）を受けた重要命令は軍令と呼ばれ、「軍令○号」のように発簡符号が付けられる。軍令のうち海軍のみに出されるものは「軍令海○号」となる。また天皇の命令を軍令部総長が伝宣する最も重要な命令に**大海令**（**大本営海軍部命令**）がある。同じく、大海令に基づいて軍令部総長が指示するものが**大海指**（**大本営海軍部指示**）である。

戦闘時の部隊への命令は意外に簡潔で「全軍突撃せよ」程度の簡単なものも多い。命令は必ずしも無線によるものではなく、有線通信や口頭、文書によって行うことも多い。特に重要な命令は封書に入れた封緘命令という形で伝えることもある。

大海令・大海指

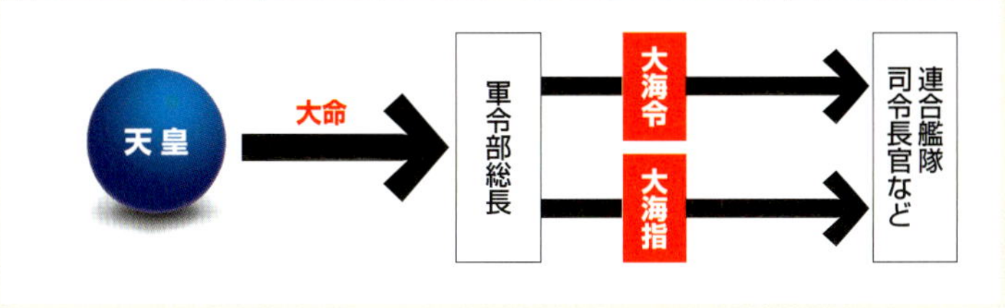

海軍水路部と海図

船舶の航行に欠かせない海図を作成する機関

海軍の任務のひとつに**海図**と**水路誌**（船舶の航行や停泊において重要な港湾や航路、気象・海象の状況を水路別に記した資料で海図と併用する）の作成業務がある。これらは艦艇、船舶の安全航行に欠かせないもので、さらに、船舶の安全航行のためのブイ等の設置、灯台の管理も重要な役割である。これらはまとめて**水路業務**と呼ばれる。水路業務は19世紀以来各国では海軍の役割とされてきた。今日では日本の海上保安庁やアメリカの沿岸警備隊など海上保安組織がある国では、それらの組織が水路業務を担っているが、多くの国では依然として海軍の受け持ちとなっている。日本でも太平洋戦争終結までは海軍省の水路部が水路業務を担当していた。水路部は明治4年（1871）、兵部省に海軍部が設置されたのに伴い、その下に設置され、明治5年に海軍部が海軍省になると、その外局となった。その後、改称を繰り返し、一時期、海軍参謀本部（のちの海軍軍令部）の隷下となったが、明治30年（1897）に海軍省の所管に戻った。

いっぽう海図とともに陸地の地図を作成していたのは陸軍の陸地測量部である。水路部と同じ頃に設立され、太平洋戦争終結後、この業務は内務省や建設省の所管を経て現在は国土地理院に引き継がれている。

陸地を描いた地図は海岸線までを実測して調整（地図、海図を作成することで、修正することは補正という）し、海岸線より海側は海図に記載される。戦前は、地図は陸地測量部、海図は水路部と分担され、それが今日に続いているわけだ。というのも地図は地上交通用、海図は海上交通用と使用目的が大きく異なるためだ。海図には等高線に当たる等深線は描かれず、代わりに水深を示す数字と海底の泥質、灯台の種類、海流の向きや速さ、沈没船や暗礁の位置など、船舶の航行に必要な事柄が記載されている。

世界中の海図や水路誌を一国で作成することはとても不可能なので、軍事機密より利便性を優先して、20世紀初頭から各国は互いが作成した海図や水路誌を交換してきた歴史があり、今日に到っている。

第三章

戦略・ドクトリン・作戦構想

日本海軍はいかなる戦略の下、
どのような国を想定敵と捉え
いかなる作戦を行おうとしていたのか。

戦時と平時における海軍の任務とは

海軍の任務はどの国でも基本的に同じで、今も昔も変わっていないが、日本海軍の場合、戦時の想定任務が艦隊決戦に偏重している点が特徴であった。

平時における海軍の任務は、①自国の領海の警戒や通商路の平和的維持を含めた海上の保安維持任務、②外国に自国の存在感を誇示する政治的任務、③係争水域における自国の権益を優位な状況に持っていくこと、が代表的な任務である。ことに自国に関係する係争地区において、静かに公海上で座っている軍艦の姿は敵対勢力への威圧とともに友好国への支援を示すシンボルとなる。また④災害発生時における避難民救出や支援物資の緊急輸送も、平和時の海軍に課せられる代表的な任務の一例となる。ただし、海上保安組織がイギリス式に海軍が兼ねるのとは異なり、アメリカ式（沿岸警備隊）のように海軍とは別組織になっている国では、海上警察任務の実態は海上保安組織が主体となり、海軍はその支援に当たる場合が多い。ちなみに戦前の日本は海軍が海上保安任務に従事していたが、戦後は**海上保安庁**と**海上自衛隊**が分割された形になっている。そのため、まだ海上自衛隊の海外派遣がなかった頃には、「他国の海軍のように海上保安任務がなく、武力行使を行わない海上自衛隊の平時の任務は、ひたすら訓練だけだ」と言う人もいた。

戦時においては、①敵対国の海上兵力・海上航空兵力の脅威を排除し、自国の領海の安全を含めた制海権を確保して戦争の推移を優勢に導くこと、②通商路を保護して国民の生活と国家の経済・継戦能力を維持することが最優先任務となる。この他に③敵地に上陸する陸軍部隊を敵の海上・航空兵力の脅威から護衛すること、④上陸作戦時において陸空軍と共同して兵員・物資の揚陸や上陸部隊への支援等を行うこと、⑤占領地域に対する通商路を確保して、必要な軍需・民生物資を送ることも重要な任務となる。

日本海軍が担っていた任務も基本的にこれらに準ずるものである。ただし日本海軍の作戦構想の基本が「一度の決戦により戦争の雌雄を決する」というものだったため、戦時の想定任務が**艦隊決戦**に偏重している嫌いはあった。

戦時および平時における海軍の役割

【戦時の任務】

①制海権の確保
②通商路の保護
③上陸作戦における陸軍部隊の護衛
④兵員・物資の揚陸や上陸部隊への支援等
⑤占領地域への通商路確保と軍需・民生物資の輸送

第二次上海事変に際して出動した第一水雷戦隊。航行する日本の民間汽船を保護した。

上海の租界防衛のため中国軍と交戦する特別陸戦隊。海外における自国の権益の保護も重要な任務である。

【平時の任務】

①海上の保安維持任務
②自国の存在感の誇示
③係争水域における自国権益の優位の確保
④災害発生時の避難民救出や支援物資の緊急輸送

南樺太の沿岸警備を行う哨戒艇。平時における沿岸警備は海軍の重要な任務であった。

軍艦に搭載した救助艇による救難訓練(右上)と海上火災の消火訓練の様子(右)。

3-2 海軍の戦略、作戦、戦術の体系

「帝国国防方針」「用兵綱領」「所用兵力」…

海軍の戦略、作戦方針、戦術思想はどのような関係にあり、いかなる文書で規定されていたのか。「帝国国防方針」を土台としたその体系について紹介する。

陸海軍の戦備計画および作戦方針の根幹を成す国防方針と、その実行に必要な兵力量の決定は、明治 40 年（1907）までは参謀本部と軍令部を含めた陸海軍の各主務部で相互に連絡を取りつつ起案され、最終的に天皇の御裁可を受けて決定された。明治 40 年に想定敵国の選定を含めた「**帝国国防方針**」と、その目的達成のための作戦要領を示した「**用兵綱領**」、さらに国防に要する常備兵力量を示した「**所用兵力**」が初めて策定された。「帝国国防方針」は大正 7 年（1918）、大正 12 年、昭和 11 年（1936）に改訂が行われており、これに合わせて他の 2 つもそのつど同時に改正されている。最初の「用兵綱領」では、当初東洋にある敵（＝アメリカ）海上兵力を掃討し、西太平洋を制圧して日本の交通路を確保、その後に敵本国艦隊の進出を待ってこれを邀撃・撃滅することとなっていた。その内容は、以後の改訂でもほぼ同じである。

「用兵綱領」に基づく形で、第一線部隊の作戦運用方針を定めたのが各年次の「**年度作戦計画**」である。これは大正 7 年の「用兵綱領」の改訂によって、米国が第一の想定敵国となって以降は、基本的に対米 1 国に限定したもの以外はほとんど研究されていなかった。昭和 16 年でもこれは変わらず、同年 4 月に米英蘭 3 か国への開戦が不可避と考えられた時点で、ようやく軍令部は 3 か国と同時に戦争を行う計画の検討を開始したほどであった。

一方、日本海軍の兵術思想の中核となったのは、明治 34 年（1901）に**秋山真之**少佐が起草した「**海戦に関する綱領**」を骨子に、明治 43 年にまとめられた「**海戦要務令**」だった。これにより決戦時の部隊運用を始めとする兵術思想の統一が図られたことは大きな利点となった。だがその一方で、新兵器・新戦術の誕生により昭和 9 年までに 5 回改訂が行われたが、太平洋戦争前の航空機の発達等に伴いその内容は時勢の現実から乖離し、教官によっては「その内容にとらわれないように注意せよ」と戒めるほどに教範としての価値は低下していた。

帝国国防方針・用兵綱領・所用兵力・海戦要務令

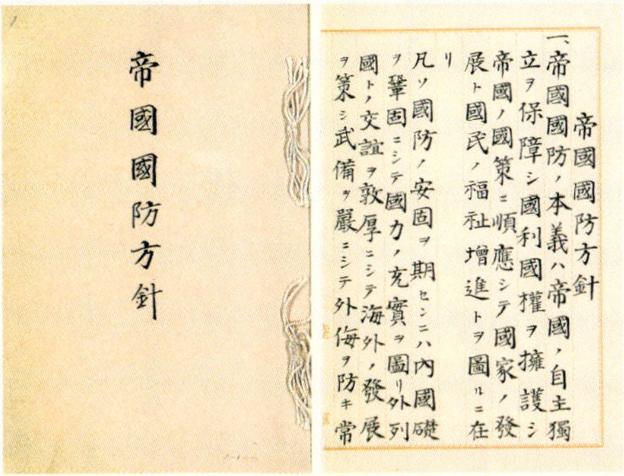
帝國國防方針

帝國國防方針

一、帝國國防ノ本義ハ帝國ノ自主獨立ヲ保障シ國利國權ヲ擁護シ帝國ノ國策ニ順應シテ國家ノ發展ト國民ノ福祉増進トヲ圖ルニ在リ

凡ソ國防ノ安固ヲ期センニハ内國礎ヲ鞏固ニシテ國力ノ充實ヲ圖リ外列國トノ交誼ヲ敦厚ニシテ海外ノ發展ヲ策シ武備ヲ嚴ニシテ外侮ヲ防キ常

「大正十二年国防方針」の表紙（左）と1頁目。ワシントン会議によって日英同盟が廃棄され、海軍軍備も制限、中国への進出も制約されるという新しい情勢を受けて、明治40年の国防方針を改定したもの。（防研）

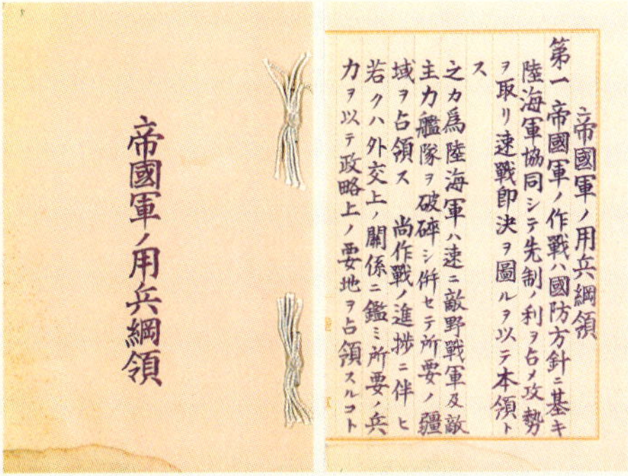
帝國軍ノ用兵綱領

帝國軍ノ用兵綱領

第一 帝國軍ノ作戰ハ國防方針ニ基キ陸海軍協同シテ先制ノ利ヲ占メ攻勢ヲ取リ速戰即決ヲ圖ルヲ以テ本領トス

之カ爲陸海軍ハ速ニ敵野戰軍及敵主力艦隊ヲ破碎シ併セテ所要ノ疆域ヲ占領ス 尚作戰ノ進捗ニ伴ヒ若クハ外交上ノ關係ニ鑑ミ所要ノ兵力ヲ以テ政略上ノ要地ヲ占領スルコト

昭和11年（1936）の「用兵綱領」。陸海軍の作戦要領が定められている。（防研）

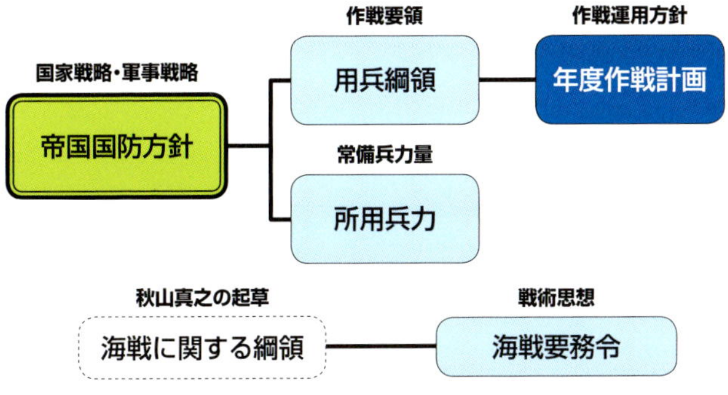

日露戦争後に登場した海軍の主敵アメリカ

国家戦略や兵力量の決定に必要な想定敵の設定。陸軍は基本的にソ連を主敵としたが、海軍は、日露戦争以降、アメリカを最大の敵と捉えていた。

明治10年代後半、日本の**想定敵国**とされたのは朝鮮半島の利権を巡って対立していた清国であった。日清戦争が終結した後、ロシア・ドイツ・フランスによる**三国干渉**が発生したことから、日本はこの3国を想定敵国として扱うようになり、その中で最も極東に大規模な戦力を有していたロシアが第一の想定敵国とされた（日露戦争前の海軍拡張計画は、「近い将来東洋に派遣される一か国もしくは更に一・二か国を連合した兵力に対抗する」ことを明記していた）。

日露戦争後に策定された最初の「**帝国国防方針**」では、想定敵国はロシア・アメリカ・フランスの順とされた。これは未だ対ロシア戦を警戒する陸軍の意向が強く、海軍はこの3国に対抗可能な戦力を想定して兵力量を整備しているが、急速に海軍兵力を拡充していたアメリカに主眼を置いて戦備を行っている。

大正7年（1918）の国防方針改訂では依然としてロシアが筆頭の想定敵国であり、第一次大戦で同盟国となったフランスが削除されたのに代わり、「**対華二一か条要求**」の交渉を巡り、当時対日感情が非常に悪化していた中国が追加された。その一方で海軍は、明治38年（1905）に完全な攻守同盟となった日英同盟が、明治44年に対独戦に備えて改訂された際に、「対米戦の場合、イギリスは参戦義務を負わない」と修正されたこともあり、以前同様アメリカを第一の想定敵として扱っている。アメリカが筆頭となったのは、陸軍が「海軍力を考慮する必要があるのは対米だけ」として、兵力整備の基本を「対米作戦に応ずる若干の兵団と、大陸方面に必要な兵力を整備する」との方針を固めた大正12年の国防方針改訂の時であり、これは以後変わることはなかった。

昭和11年（1936）の改訂では、前回の3か国に加えて、当時極東方面の兵力強化を進めつつあったイギリスが加えられた。だが海軍の戦備は「対一か国戦」を想定していたので、イギリスが追加された後も海軍の作戦構想・戦備計画は対米戦のみを考慮して計画が行われている。

想定敵国の変遷

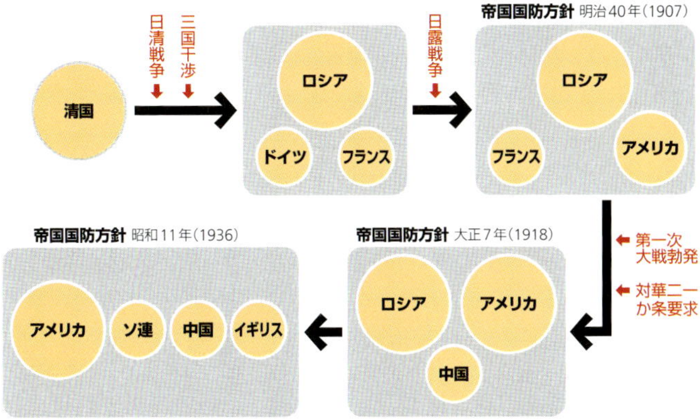

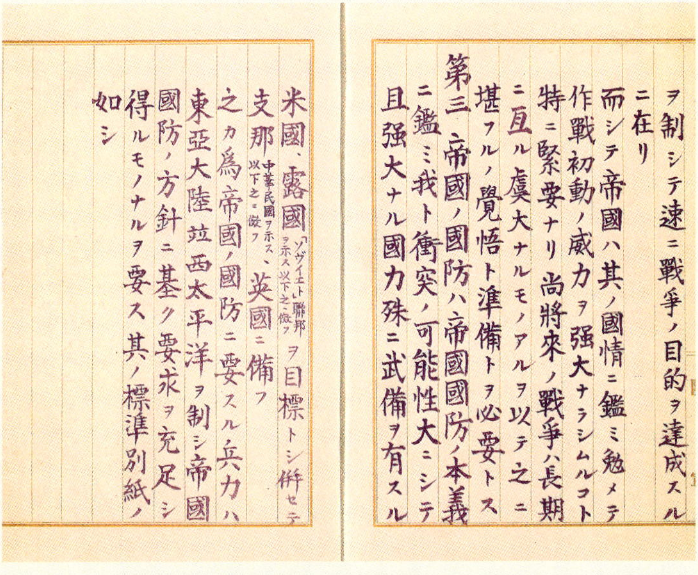

ヲ制シテ速ニ戰爭ノ目的ヲ達成スル
ニ在リ
而シテ帝國ハ其ノ國情ニ鑑ミ勉メテ
作戰初動ノ威力ヲ强大ナラシムルコト
特ニ緊要ナリ尚將來ノ戰爭ハ長期
ニ亘ル虞大ナルモノアルヲ以テ之ニ
堪フルノ覺悟ト準備トヲ必要トス
第三 帝國ノ國防ハ帝國國防ノ本義
ニ鑑ミ我ト衝突ノ可能性大ニシテ
且强大ナル國力殊ニ武備ヲ有スル
米國、露國「ソヴイエト」聯邦ヲ示ス以下之ニ倣フヲ目標トシ併セテ
支那中華民國ヲ示ス以下之ニ倣フ、英國ニ備フ
之カ爲帝國ノ國防ニ要スル兵力ハ
東亞大陸竝西太平洋ヲ制シ帝國
國防ノ方針ニ基ク要求ヲ充足シ
得ルモノナルヲ要ス其ノ標準別紙ノ
如シ

昭和11年（1936）に改訂された「帝国国防方針」の「第三」項には「米国、露国を目標とし併せて支那、英国に備う」と、想定敵国について記されている。

対米作戦構想①　ワシントン条約以前

来攻する米艦隊主力を艦隊決戦で撃破

陸海軍共同でフィリピンにおける米海軍の根拠地を制圧、その後、小笠原近海で米主力艦隊と雌雄を決するという構想が立てられていた。

日本海軍の対米作戦の骨子は、ほぼ一貫して**用兵綱領**と**海戦要務令**に沿った攻勢防御といえるものであった。**ワシントン軍縮条約**締結以前に考えられた構想では、まず陸海軍共同によりルソン島を攻略し、同島の米海軍根拠地（キャビテ軍港）を撃滅して同方面の米海軍の行動を封殺し、敵主力邀撃（迎え撃つこと）の作戦遂行を容易とする。その後、奄美大島付近に集結した艦隊主力により、日本近海に現れる米艦隊を邀撃してこれを撃破する、というものであった。決戦実施の際には小笠原諸島付近に張った哨戒線で敵艦隊の動静を掴んだ後、その進行方向に全力を挙げて出撃することになっていた（右頁上図）。

当時、**艦隊決戦**の雌雄を決する艦隊の主力は、日露戦争時と同様に戦艦と巡洋戦艦と思われていた。明治 40 年（1907）制定の**帝国国防方針**の時期では戦闘の方式も日露戦争と変わらず、日米の主力艦同士による昼間決戦で勝利をおさめるというものだった。一度の決戦で雌雄が決しなかった場合には、夜間に**水雷戦隊**に戦闘を譲り、翌日に再度主力艦同士の決戦を実施することとなっていた。その後、第一次大戦時に新兵器として潜水艦および航空機が出現したこと、魚雷と駆逐艦の性能向上と軽巡洋艦の登場により水雷戦隊がより強力になったことなどから、水雷戦隊の攻撃圏内では主力艦の行動は大きく制限されることが証明されるなど、海戦の戦術は大きく変化していった。

しかし、大正 5 年（1916）に英独間で発生した**ジュットランド沖海戦**により**戦艦中心主義**が再確認されたことから、「戦艦による決戦で雌雄を決する」という構想は変化しなかった。大正 7 年の国防方針で、海軍が保有すべきとされる兵力は米海軍の拡充に対抗する形で、それまで戦艦 8・巡洋戦艦 8 の**八八艦隊**から、24 隻の戦艦・巡洋戦艦を主力とする**八八八艦隊**へと変化したのも戦艦中心主義の表れだった。だが大正 12 年（1923）に発効したワシントン条約が、この戦策を崩壊させることになる。

ワシントン条約以前の対米作戦構想

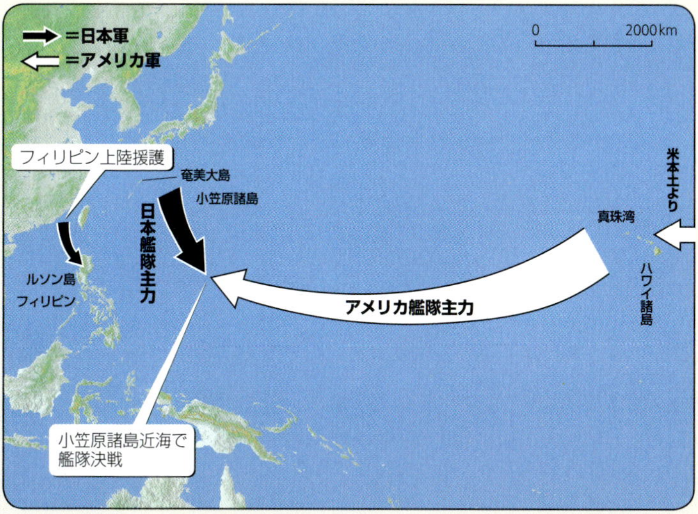

1906年後半、キャビテ軍港とマニラ間のマニラ湾を航行中の英艦隊と米艦隊(グレート・ホワイト・フリート)。1898年の米西戦争に勝利したアメリカはフィリピンを植民地とし、キャビテ港を米艦隊の根拠地とした。

ジュットランド沖海戦は第一次大戦中の1916年5月31日から6月1日にかけて北海で行われた海戦。英独の主力艦による艦隊決戦で、損害は英艦隊の方が多かったが、独艦隊が退却したため制海権は維持した。写真は5月31日、独戦艦の砲撃で轟沈寸前の英戦艦「クイーン・メリー」。

3-5 **対米作戦構想② ワシントン条約後**

主力艦兵力の劣勢下で 構想された「漸減作戦」

ワシントン条約の制限により主力艦の対米保有量において不利となった日本海軍は、敵兵力を減衰させてから艦隊決戦に臨む新たな作戦構想を打ち立てた。

ワシントン軍縮条約で日本の主力艦保有比率は英米の 5 に対し 3 に抑えられた。この制限下で日米戦が発生した場合、艦隊の主力である戦艦兵力で日本が劣勢となるのは確実であり、この状況で日本艦隊が勝利をおさめるのは困難であると考えられた。このため日本海軍は兵力劣勢下で勝利を得られる新たな作戦構想と、新しい作戦実施に必要となる兵力の整備を行うこととした。新しい作戦構想は大正 9 年（1920）頃に入手した米側の対日作戦案が、「（哨戒に当たる）日本艦隊を各個撃破した後、日本本土周辺で主力艦同士の決戦を強要する」としていたため、これを逆手に取り、マリアナ諸島付近で大規模な巡洋艦戦隊と水雷戦隊によって米主力の兵力を日本側と互角程度までに減少させたのち、戦艦同士の決戦を挑むというものだった。これが、以後長らく日本海軍の対米作戦構想の基本となった**漸減作戦**構想である。

本戦策下でも、早期に極東の米軍根拠地を潰した後、日本近海で決戦を挑むという作戦方針は従前と変わらなかったが、上記のようにその用兵は、決戦の前日の夜間に大型巡洋艦の戦隊に支援された水雷戦隊による大規模な夜襲を実施することにより、米艦隊の兵力減少を図ることが規定されるなど、大きく変化している。また大航続力を持つ潜水艦に米艦隊を追従させ、その動向の把握に努めさせることや、内南洋・小笠原東・本土南方・南西諸島の各方面に潜水艦による哨戒線を張り、敵の探知と漸減を図ることが示されるなど、潜水艦の能力向上により、その役割が大きくなったのも大きな変更点といえる。

主力艦の兵力劣勢下で勝てる漸減作戦構想の主力となるのは巡洋艦以下の補助艦艇であり、大正 12 年（1923）以降日本海軍は**「妙高」型**を始めとする有力な重巡各型、大型で強力な**特型駆逐艦**や新型潜水艦の整備を急ピッチで進めている。だが昭和 5 年（1930）の**ロンドン軍縮条約**の締結が、この構想の推進に暗雲を投げかけることになる。

ワシントン条約後の対米作戦構想

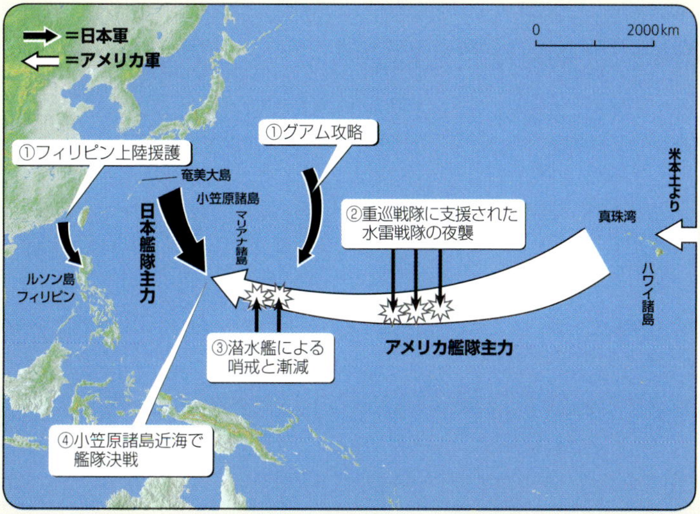

ワシントン軍縮条約後の大正12年(1923)度計画で建造が始まり、昭和5年(1930)に竣工した一等巡洋艦「青葉」。

昭和3年(1928)に竣工した伊号57(のちの伊号157)潜水艦。海大Ⅲ型bに類別される潜水艦で、常備排水量1800トン、航続力は水上で1万海里(1万8520キロ)に達する。

3-6

対米作戦構想③　ロンドン条約以後

補助艦の保有制限がもたらした「漸減作戦」の大改変

ロンドン条約では巡洋艦以下の艦艇の保有量が制限されたため、日本海軍は、漸減作戦を大幅に改定しなければならなくなった。

ロンドン軍縮条約では、夜戦部隊の主力となる重巡の保有量が米英の６割に抑えられた。一方で駆逐艦・潜水艦は対米７割かそれ以上の保有量を認められたが、これも**漸減作戦**実施に必要とされる量には満たなかった。事実上この時点で漸減作戦は崩壊したといってもよい。しかし、兵力劣勢下で対米決戦に勝利を得るには漸減作戦以外に取り得る方策はないと考えた日本海軍は、決戦兵力の戦備方針を改めて、兵力不足の補填や、決戦時の戦策を従来のものから大きく変更することにより漸減作戦の実施にこだわった。

戦備の面では、重巡兵力の不均衡を是正するため、制限トン数内で数を増やすため**１万トン型軽巡洋艦**(「最上」型と「利根」型)の整備を開始した。駆逐艦と潜水艦については、新規に整備する艦をより小型だが性能は従来と同等のものを開発することで、必要な戦力を保持しようとした。

戦策の面では、夜戦部隊の襲撃の阻止に当たるであろう敵の巡洋艦隊を確実に撃破するため、本来決戦兵力である高速戦艦を夜戦部隊に組み込むことや、駆逐艦兵力の不足を補うため、潜水艦を決戦部隊に組み込むことが決定された。また保有制限のない航空兵力を本格的に漸減兵力に組み込むこととなり、この方針により遠距離から敵艦隊に先制攻撃できる大型陸上攻撃機の開発と部隊整備が開始されている。

だがこれらの方策のうち、１万トン型軽巡洋艦の整備が英米を刺激して同種の艦の対抗整備へと走らせたため、逆に巡洋艦兵力の乖離を招いた。さらに、より小型の艦に無理な性能を付与した期待の新鋭艦は、水雷艇「**友鶴**」の転覆事故を始め、就役後に様々な事故を起こし、軍艦としては使えないという致命的な欠点を露呈した。これらの事実を見た日本海軍は、軍縮条約の制限下では対米戦に勝利をおさめるのに充分な兵力は保持できないと考え、昭和11年(1936)末、日本は軍縮条約から脱退、無条約下で戦備を整える道を選んだ。

漸減作戦の改変とその影響

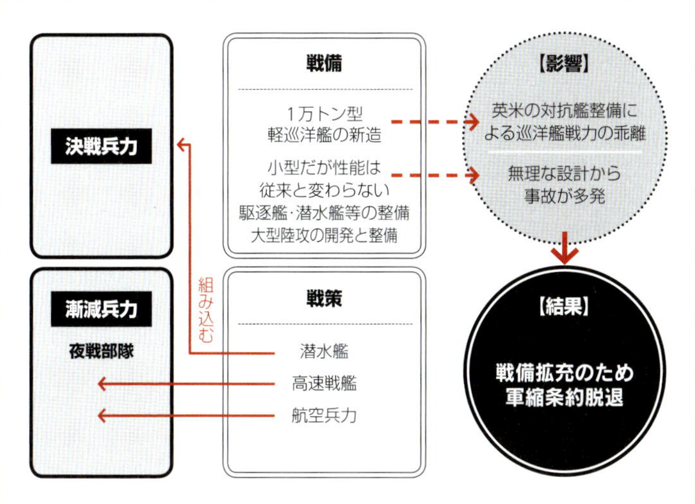

陸上基地から発進して敵艦隊を攻撃できる大型陸上攻撃機として日本海軍が開発した最初の機体が九六式陸攻であった。昭和10年(1935)から運用が開始され、日中戦争以降、渡洋爆撃や艦隊攻撃で活躍した。

写真は昭和10年公試中の「最上」。軍縮条約失効後の昭和13年に15.5センチ3連装主砲塔を20.3センチ連装砲塔に換装した。

3-7 対米作戦構想④　無条約時代

さまざまな問題が浮上する一方 航空部隊の役割が増大

無条約下、対米８割の戦力整備に尽力する日本海軍だったが、漸減作戦の実行上、さまざまな問題が浮上した……。

軍縮条約の軛《くびき》を外した日本海軍は、「帝国の最前とする方策により国防を完備する」こととなり、戦艦12隻を中核とする「対米兵力約八割」の艦隊整備を計画した。この時期には新兵器の登場もあって、**漸減作戦**の構想は以下のようになっていた。①比島（フィリピン）・グアムを攻略すると同時に、同方面の敵艦隊を撃滅。②潜水艦は比島侵攻に対応してハワイを出撃した米艦隊の追従・監視を行う。その間に機会を得て攻撃を実施。③航空機と特殊潜航艇の攻撃でさらに米艦隊の兵力を減少させる。④決戦の前夜、高速戦艦を含む夜襲部隊による襲撃を実施。⑤決戦に先立ち、航空部隊は敵空母部隊を撃破して決戦水域の制空権を確保。⑥決戦実施か夜襲の再度実施かを判断し、決戦なら夜襲部隊を決戦兵力へと合同・編入。その後、米艦隊との戦艦同士の決戦を実施して、一挙に戦争の雌雄を決する。しかし演習を実施してみると、能力的に潜水艦が決戦兵力として使用できないことや、夜戦時に大規模な夜襲部隊の指揮統率が困難であること、さらに主力である戦艦の砲戦能力の不足などの問題点があることが明確になった。これらの結果は漸減作戦では勝利を得ることは覚束ないのではないか、という考えを日本海軍に抱かせた。

この時期海軍にとって明るい話題は、空母を中核とする艦隊航空兵力と、**基地航空隊**の戦力が順調に向上していたことだった。この時期になると、戦艦は航空機に沈められ得るという考えが主流となり、主力同士の決戦前に空母決戦で勝利をおさめ、艦隊上空の制空権を掌握しない限り、決戦での勝利は覚束ない、と考えられるようになった。

このため空母のみは対米10割で整備を実施するなど、空母兵力の拡大が図られた。またこうした情勢に伴って、各艦隊の付属兵力に過ぎなかった空母部隊の地位も向上し、昭和16年（1941）4月には世界最初の空母を中核とする艦隊、**第一航空艦隊**が編成されて、空母部隊の決戦兵力化が図られた。

無条約時代の対米作戦構想

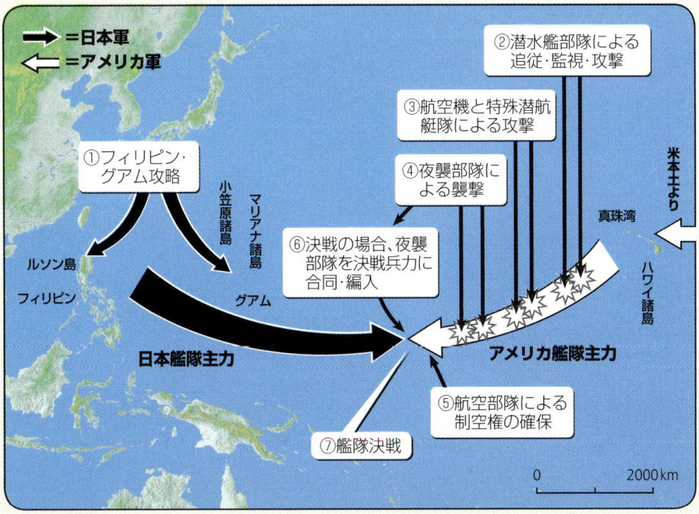

主力艦艇による演習風景。米海軍との艦隊決戦に備えて盛んに演習が行われた。しかし、無条約時代に入って以降の演習の結果、主力艦の砲戦能力の不足が問題視されるようになった。

昭和13年(1938)に近代化大改装が行われた後の空母「赤城」。「加賀」とともに、それまでの三段式飛行甲板が一段式の全通甲板に改められた。無条約時代に入ると、空母兵力は次第に重視されるようになっていく。

対米作戦構想⑤　航空決戦への移行

海軍空軍化と航空決戦の採用

米海軍の増勢に決定的な戦力差を認識した日本海軍は、漸減作戦を捨て、「航空機を主力とした決戦」へと方針転換した。

構想に疑念が持たれるようになった**漸減作戦**に止めを刺したのは、日本の想定を超えた米海軍の兵力拡充だった。昭和 15 年（1940）7 月に米国は、海軍兵力を太平洋・大西洋の両洋で同時に戦争を実施できるものに拡大する法案（**二大洋艦隊拡充法案**）を可決しており、ここに示された計画が完了すると、日本海軍の対米兵力比率は漸減作戦の前提である 7 割どころか、4 割 7 分にまで減少すると見られた。

「二大洋艦隊」に対抗可能な艦隊の整備は日本の国力ではとても不可能だった。この状況を見て、日本海軍も漸減作戦の構想が完全に崩壊したことを認め、新たな戦策の模索を始めた。そしてまもなく、米艦隊の拡充には成長著しい航空兵力で対抗するしかないという思想が主流となり、その決戦の方針は「海軍を空軍化し、航空機を主兵とした**艦隊決戦**」つまり**航空決戦構想**へと転換する。

当初の航空決戦構想では、空母部隊を主力に置くことを考えていた（**第一航空艦隊**の編成は、これを念頭に置いていた）。だが、仮に対米 10 割の空母兵力を保持しても、より小型艦が多い日本の空母航空兵力は米より劣ることになると考えられたため、海軍はその兵力の主力を陸上**基地航空隊**とすることとした。

新たな決戦の構想は、比島攻略後に出撃する米艦隊が日本の勢力圏内に入った後、航続力の長い双発爆撃機（陸攻隊）の攻撃により敵空母を暫時撃破して戦場の制空権を握り、その後さらに陸攻隊による雷撃で敵艦隊を攻撃・撃滅するというものであった。この際に空母部隊を含む水上艦隊は、基地航空隊の作戦に協力して活動する予定で、完全に主役は基地航空隊へと移行していた。

この構想に基づく戦備計画は昭和 16 年春より始められ、艦艇の整備数を抑える一方で、昭和 25 年（1950）には陸攻 1200 機の整備完了を予定するなど、大規模な基地航空兵力の整備が行われる予定だった。だが太平洋戦争の開戦により、この計画は完全に頓挫することになった。

対米「航空決戦」構想

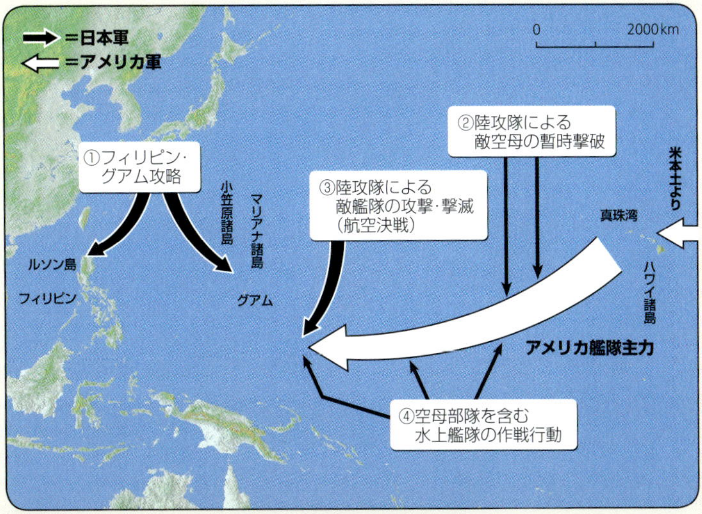

二大洋艦隊法により建造された戦艦「アイオワ」級の3番艦「ミズーリ」（上）と大型巡洋艦「アラスカ」。いずれも就役は1944年になってからだった。

「航空決戦」を担う基地航空隊の主役として開発された一式陸上攻撃機。日中戦争での運用で明らかとなった九六式陸攻の欠点を改め、その後継機として開発された。昭和16年（1941）春に制式化され、太平洋戦争中の海軍の主力陸攻であった。

「海軍空軍化」

大西瀧治郎と井上成美の空軍化論とは

海軍航空本部教育部長であった**大西瀧治郎《たきじろう》**大佐は昭和 12 年（1937）、自身がまとめた「航空軍備に関する研究」について、「海軍を空軍化する」ことにより、陸海のいずれの作戦にも使用できる長距離打撃能力を持つ「戦略空軍」を建設すべきと論じている。

しかし、当時海軍の航空部隊は**艦隊決戦**の補助兵力に過ぎず、立場的に弱かったこともあってこの意見は主流とはならずに消えていった。また陸海軍合同の空軍が設立された場合、航空機の開発が陸軍主導となって海軍機の開発に悪影響を及ぼす可能性や、陸軍側の主導で航空兵力が整備される場合、艦隊決戦で必要となる長距離攻撃可能な爆撃機の整備に支障を来す恐れがある、などの懸念があったことも反発を招いた理由とされる。

いっぽう、昭和 16 年春に**井上成美《しげよし》**中将が海軍大臣に提出した「**新軍備計画**」は、航空機の発達した現在では航空機の攻撃で沈めることができる戦艦など造らずに、**陸上基地航空隊**を海軍の主兵とすべきであり、基地航空隊の整備と航空隊の基地となる島拠の防衛を最優先として、戦艦・巡洋艦の如きは犠牲にして宜しい、という「海軍の空軍化」を根幹に据えた意見書であった。また空軍化のみならず、日本の継戦能力維持のため海上通商路の保護を第二優先目標とし、島拠防衛・通商路保護と攻撃に使用できる潜水艦の整備を第三位とするなど、その内容には様々な特色があった。

この意見はその後の太平洋戦争の推移を予言した卓見とされ、戦後に井上中将は「せめて 2、3 年早く提案できて実行に移されていれば良かったが、昭和 16 年の春では時期がすでに遅かった」と慨嘆したと伝えられる。だがこの時期すでに海軍の戦備計画は航空第一主義に移行しており、この点についてのみは井上中将の意見は取り入れられていた、とも言える。しかし、太平洋戦争の開戦は航空主兵に基づく兵力整備の完成前に始まってしまい、海軍の方針転換は井上中将が言うように遅きに失したのであった。

第四章

兵器と装備① 役割と発達

艦船、航空機ほかの兵器と装備は
それぞれどのような役割を持ち、いかなる発達を遂げたのか。

4-1 日本海軍の艦船の分類

艦艇、特務艦艇、雑役船に大別され 軍艦は艦艇に含まれる

日本海軍では駆逐艦と潜水艦は「軍艦」に含まれていなかった。また、軍艦に類別された艦種には艦首に天皇の所有物であることを示す菊花紋章がつけられた。

日本海軍の創設時には艦船は細かい類別はなされていなかったが、明治31年（1988）に制定された「海軍軍艦及び水雷艇類別標準」により、「**軍艦**」と「**水雷艇**」という類別名が制定された（もちろん、このほかにも雑役船、運送船など多様な種類の船があったが、これらは特に類別名としては設定されていない）。以後、この類別標準は改訂と名称変更を重ねながら終戦まで使用された。

太平洋戦争開戦時点では、海軍艦船はまず**艦艇**、**特務艦艇**、**雑役船**に分けられ、艦艇は「軍艦」と、**一等**、**二等駆逐艦**、**一等**、**二等潜水艦**ほかに類別され、特務艦艇は**特務艦**と**特務艇**とに分けられていた。つまり、駆逐艦と潜水艦は「軍艦」ではないのだ。これらの中でも戦闘の主力となる艦艇のうち軍艦は、艦の艦首に天皇の所有を示す**菊花紋章**を付けていた。また、軍艦の指揮者のみが**艦長**と呼ばれ、大佐が任じられた（例外的に大型艦は少将、小型艦や老朽艦などは中佐の場合もあった）。軍艦は１艦でひとつの戦闘単位（所轄）と見なされ、艦長には外交権限や部下の人事権も与えられていた。

その他の艦艇の指揮官は単に「長」であり、駆逐艦なら駆逐艦長、潜水艦なら潜水艦長と呼び、中佐または少佐が任命された。そして、数隻の艦艇で編成される隊（駆逐隊、潜水隊など）の司令（大佐）が所轄長となる。

太平洋戦争開戦後、**海防艦**が軍艦から除かれて単なる艦艇となったが、これは海上護衛用の小型艦を新たに海防艦と命名したためで、従来「海防艦」と呼ばれていた旧式巡洋艦と区別する必要からである。同様に**砲艦**も軍艦から外されているが、砲艦は平時にあっては揚子江流域などで活動し、外交任務も多いため軍艦籍にあったが、開戦によりその必要がなくなったからだ。また、艦艇には**敷設艇**、**哨戒艇**、**輸送艦**が追加されている。このほか必要に応じて民間船舶を徴用し、「特設」の文字を冠した**特設艦船**もあり、太平洋戦争中には巡洋艦以下、さまざまな艦種の補助戦力として運用されている。

日本海軍艦船の種別（昭和16年6月26日）

区分	種別	
艦艇	軍艦	戦艦
		航空母艦
		一等巡洋艦
		二等巡洋艦
		水上機母艦
		潜水母艦
		敷設艦
		砲艦
		海防艦
		練習戦艦
		練習巡洋艦
	一等駆逐艦	
	二等駆逐艦	
	一等潜水艦	
	二等潜水艦	
	水雷艇	
	掃海艇	
	駆潜艇	
特務艦艇	特務艦	工作艦
		運送艦
		砕氷艦
		測量艦
		標的艦
		練習特務艦
	特務艇	敷設艇
		掃海特務艇
		潜水艦母艇
		哨戒艇
		駆潜特務艇
		電纜敷設艇
		魚雷艇
雑役船	曳船、救難船兼曳船、重油船、測量船、内火艇、半砲艇、起重機船……	

軍艦の位置づけ

海軍の艦船はすべて軍艦と思いがちだが、明白な区分けがあり、図のように軍艦は艦艇の一部である。

戦艦「長門」の艦首に光る軍艦の象徴・菊花紋章。艦種により大きさは異なり、チーク材製で金箔張りである。

4-2 主力艦の役割と変遷①

当初輸入に頼っていたが明治末以降国産化を推進

日露戦争で6隻の戦艦と多数の装甲巡洋艦を保有していた日本海軍。当初は輸入に頼っていたが、その後、積極的に建艦技術の導入を図り国産化を推進していった。

主力艦は海戦において最後の雌雄を決する決戦兵器で、①**戦艦**と②**装甲巡洋艦**（のちの**巡洋戦艦**）の2種類があった。

日本海軍では**日清戦争**後にイギリスから戦艦の調達を始め、**日露戦争**の開戦（明治37年［1904］）までに「**三笠**」ほか6隻の戦艦を揃えた。当時の戦艦は速力は18ノット程度、艦の前後に30センチ砲程度の連装主砲塔を装備し、舷側には中口径の速射砲を装備していた。いっぽう巡洋艦の装甲と主砲の強化によって生まれた装甲巡洋艦（のちの巡洋戦艦）は、戦艦より速力が速いために戦場での主導権を握るうえで重要な戦力であった。その後日本は、日露戦争中から主力艦の国内建造を目指し、明治40年に装甲巡洋艦「伊吹」、明治43年に戦艦「薩摩」を完成させ、以後、主力艦の国産体制が整うこととなる。

イギリスは1911年（明治39）、日露戦争の戦訓や主砲統一指揮方法の導入により、新時代の戦艦「**ドレッドノート**」を建造した。その最大の特徴は、同一口径巨砲（12インチ＝30.5センチ）10門による遠距離砲戦が可能となったことと、**タービン機関**の採用による高速化（21ノット）だった。このため、従来の戦艦は一気に時代遅となり、以後各国で**ド級艦**、さらに主砲の口径を増大し艦型を大型化した**超ド級艦**の建艦競争が始まった。

日本海軍も明治末期に新技術を取り入れるべく、イギリスに超ド級巡洋戦艦「**金剛**」を発注。その特徴は、13.5インチ（34.3センチ）が主流だった主砲を一気に14インチ（35.6センチ）に引き上げたことで、図面一式も譲り受けて同型艦3隻（「**比叡**」「**榛名**」「**霧島**」）を国内生産した。これはイギリスの好意がなければできなかったが、当時の**日英同盟**がそれを可能とした。また、その技術を活かして戦艦「**扶桑**」「**山城**」「**伊勢**」「**日向**」を建造した。この時点で、日本は14インチ砲搭載戦艦4隻、巡洋戦艦4隻を保有、さらに改良型の準同型艦の建造を予定していた。

日露戦争期の主力艦「三笠」

日露戦争で連合艦隊旗艦を務めた「敷島」型戦艦の四番艦「三笠」。常備排水量:1万5140トン、最大速力:18ノット、兵装:30.5センチ連装砲×2、15.2センチ単装砲×14ほか。現在は写真のように横須賀で記念艦として保存されている。

「伊吹」と「薩摩」

明治40年(伊吹・上)、同43年(薩摩)に建造された両艦により、主力艦の国産体制が整備された。

超ド級巡洋戦艦「金剛」

日本からの発注を受け、イギリスで建造された「金剛」。写真は完成後にイギリスから回航中のカット。竣工時、35.6センチ連装砲4基、15.2センチ砲16門を備えていた。

主力艦の変遷①

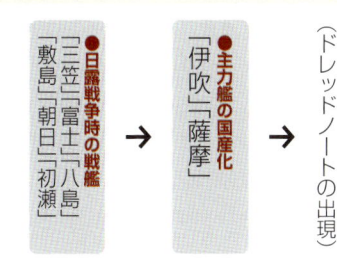

●日露戦争時の戦艦
「三笠」「富士」「八島」「敷島」「朝日」「初瀬」

→

●主力艦の国産化
「伊吹」「薩摩」

→ (ドレッドノートの出現) →

●超ド級巡洋戦艦
「金剛」型(「金剛」「比叡」「榛名」「霧島」)

→

●国産技術を活かした超ド級戦艦
「扶桑」型(「扶桑」「山城」「伊勢」「日向」)

4-3 主力艦の役割と変遷②

41センチ、46センチ、そして51センチ…主砲の大口径化が進む

日露戦争に勝利した日本はアメリカと敵対するようになり、日本海軍も米海軍の増勢にあわせて八八艦隊を策定、主力艦の増勢を図ったが……。

明治末、米海軍の増勢に危機感を持った日本海軍は、主力艦の主砲を41センチに引き上げ、戦艦8隻、巡洋戦艦8隻による**八八艦隊計画**を策定、以後大正9年（1920）にかけて順次予算を成立させた。その第一陣が戦艦「**長門**」「**陸奥**」であり、さらに戦艦2隻（「**加賀**」「土佐」）、巡洋戦艦4隻（「天城」「**赤城**」「愛宕」「高雄」）の建造にも着手した。しかし、第一次大戦で疲弊したイギリスなどから軍縮の機運が高まり、**ワシントン軍縮条約**が締結され、41センチ砲主力艦は**「長門」型**の2隻のみで以後の建造は中止となり、建造中の2隻（「赤城」「加賀」）は空母に改造され、その他は廃棄された。また「金剛」型の「**比叡**」は練習戦艦として、舷側装甲や砲塔の一部撤去や、機関の能力制限が行われている。

昭和5年（1930）、**ロンドン軍縮条約**が締結されると、日本海軍は決戦前夜に**水雷戦隊**による攻撃を企図するようなったが、**「金剛」型**巡洋戦艦も巡洋艦と行動可能な高速戦艦に改造され、敵艦隊の防御を破る兵力に組み込まれるとともに、翌日昼間の決戦にも参加することとなった。

昭和12年（1937）日本は軍縮条約から脱退し、自由な建艦が可能となった。昭和12年度の**㊂計画**では、戦艦2隻の建造が計画された。これが日本の最後の戦艦となった「**大和**」と「**武蔵**」である。

「大和」型戦艦の主砲は46センチとされたが、速力は**軍令部**が空母との行動が可能な30ノットを要求したにもかかわらず、27ノットという中途半端なものとなった。これは戦艦をいかに使うかという海軍内での守旧派と革新派の綱引きの結果といわれている。速力を27ノットを抑えた代償として装甲や対魚雷、対空防御には優れており、実戦でもその防御力の高さを証明した。

「大和」型3番艦の「**信濃**」は空母に改造され、4番艦は起工後に日米開戦のために建造中止とされた。日本海軍は「大和」型5隻を建造したのち、51センチ砲搭載戦艦の建造を計画していたが、開戦により実現することはなかった。

41センチ砲搭載戦艦「長門」型

米海軍の増勢を受けて建造された戦艦「長門」。同型艦「陸奥」とともに41センチ連装砲4基を備える。写真は上空から見たところで主砲塔の配置がよくわかる。

戦艦「陸奥」。「長門」型2番艦として大正10年(1921)年に完成。太平洋戦争中の昭和18年(1943)6月、柱島沖で原因不明の爆沈事故を起こしている。

主力艦の変遷②

（米海軍の増勢）→（八八艦隊計画）→ ●41センチ主砲 「長門」型（「長門」「陸奥」）→（無条約時代へ）→ ●46センチ主砲 「大和」型（「大和」「武蔵」「信濃」[空母へ]）→ 51センチ砲搭載戦艦（実現せず）

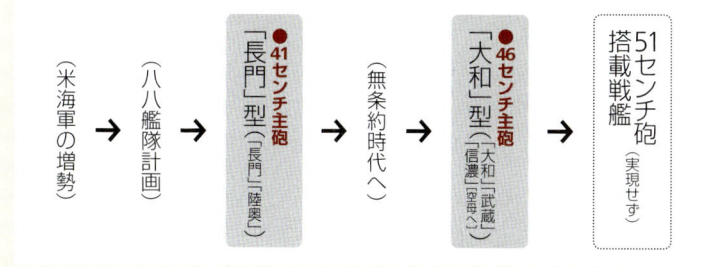

戦艦「大和」の仕組み

【戦艦「大和」主要諸元】

基準排水量：6万5000トン
満載排水量：7万2808トン
全長：263メートル
全幅：38.9メートル
主罐：ロ号艦本式重油専焼罐12基
主機：艦本式ギヤード・タービン4基
出力：15万馬力
速力：27ノット
航続力：7870浬（16ノット）
兵装：45口径46センチ3連装3基、
60口径15.5センチ3連装2基（竣工時4基）、
12.7センチ連装高角砲6基、
25ミリ3連装機銃8基、
13ミリ連装機銃2基、水偵7機
乗員：約2500名

イラスト／谷井建三

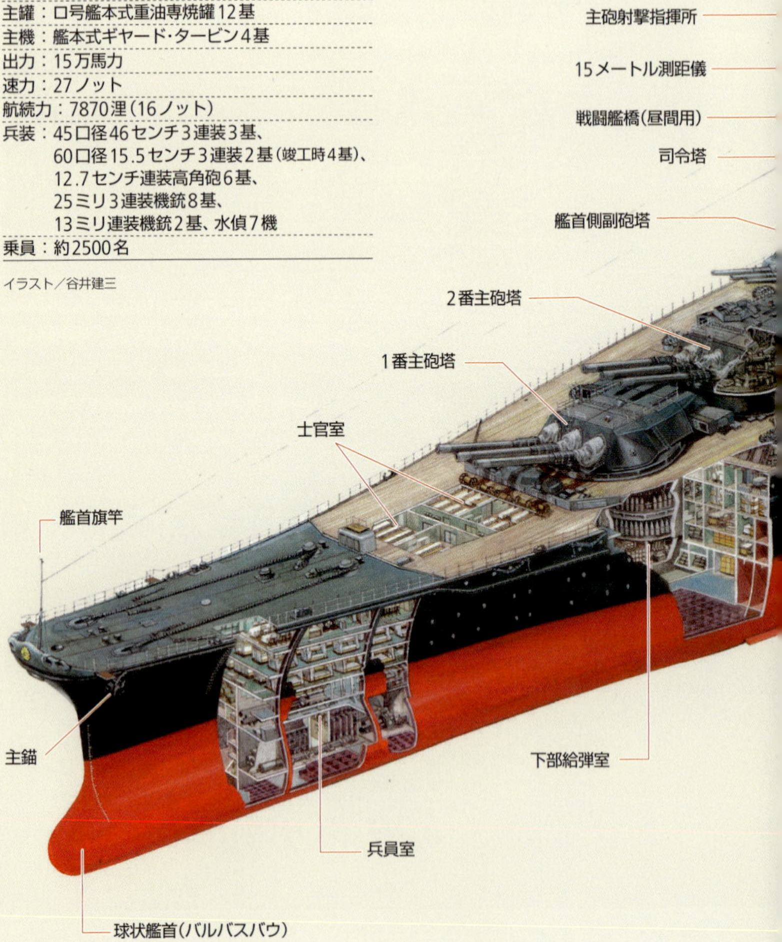

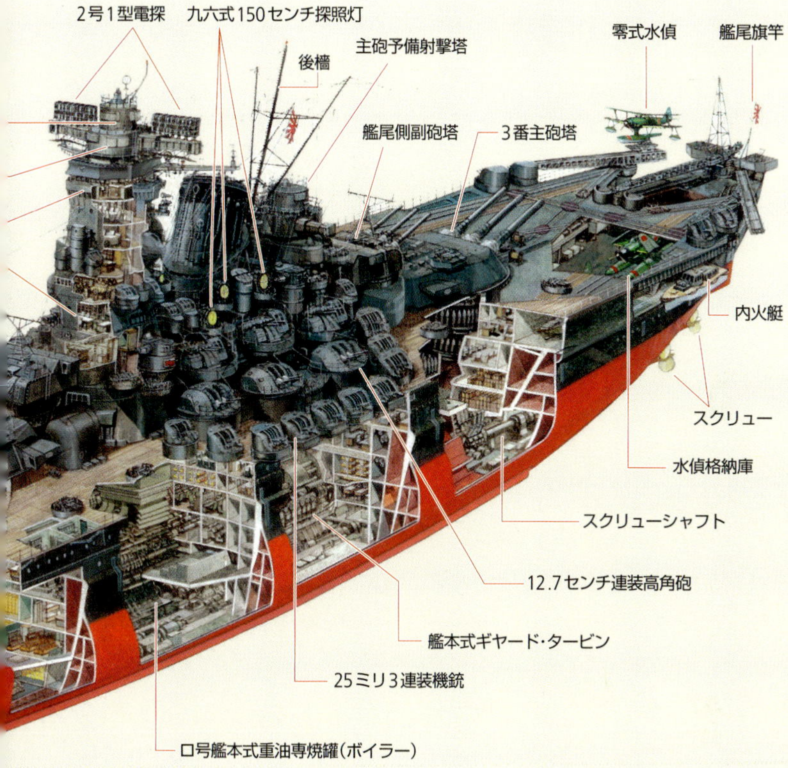

「大和」型戦艦は46センチ砲を搭載する史上最大の戦艦として建造された。建造時はまだ大艦巨砲主義が根強く副砲を4基搭載していたが、日米開戦後に航空戦が主流となったため、副砲2基を撤去、以後対空兵装を随時増加していった。昭和20年4月7の沖縄出撃では、米機動部隊から発進した約1000機もの航空攻撃を受け、約2時間の戦闘ののち転覆、大爆発を起こして沈没した。

4-4 鹵獲戦艦・賠償戦艦

獲得した外国戦艦
それぞれの軌跡

戦場で手に入れた鹵獲戦艦と、戦勝の結果得られた賠償戦艦にはどのようなものがあり、それぞれいかなる途をたどったのか。また、その意外な効用とは。

日本海軍は日清戦争の勝利により、清国から新鋭大型装甲艦「**鎮遠**」以下数隻の賠償艦を得ることができた。「鎮遠」は**黄海海戦**で撃沈した「**定遠**」と並んで当時は東洋最強艦と評されており、その後の日本海軍では主力艦に準じる有力艦として、日露戦争では第三艦隊に配属されていた。

続く日露戦争では新旧6隻の戦艦、3隻の巡洋艦、3隻の駆逐艦をロシアから鹵獲した。戦艦のうち2隻が日本海海戦で降伏したもの、4隻が旅順港で着底していたもので、いずれも破損しており、日本海軍は大きな予算を組んで6隻の戦艦を日本向けの艤装に改めた上で修理改修し、艦隊に組み入れた。

すでにド級戦艦が登場していたため旧式艦の改修は無駄であるとの評価もあったが、旧式ながら大型戦艦の増勢は艦長以下の士官、下士官、兵のポストを増やすことになり、その後の海軍大拡張に備えて経験を積んだ将兵を増やすという点では大きな意味があった。また、ロシアから賠償金を得られなかったために国民に不満が募っていたが、鹵獲戦艦が日本各地を巡航することで、国民の不満をなだめる効果もあったことは見逃せない。

これらの戦艦は1隻が旧式化のために大正4年（1915）に除籍、2隻が大正5年に反赤色革命支援のためロシアに返還、残り3隻が大正11年（1922）の**ワシントン軍縮条約**を受けて除籍処分となっている。

第一次大戦では、日本は戦勝国となり、賠償艦としてドイツから戦艦2隻（「ナッソー」「オルデンブルク」）を獲得した。しかし、両艦とも初期のド級戦艦で、日本海軍はその構造や兵装に関して調査はしたものの、そのままイギリスのスクラップ業者に売却している。トルコの旧式戦艦1隻も賠償艦として指定されたが、日本はそれを受け取らなかった。

主な鹵獲戦艦・賠償戦艦

戦争名	国名	元の艦名	日本名	備考
日清戦争	清国	鎮遠	鎮遠	二等戦艦に類別され、第3艦隊に所属し日露戦争に参加。標的艦として破壊。
日露戦争	ロシア	インペラートル・ニコライI世	壱岐	大正4年(1915)に旧式化のため除籍。同年「金剛」「比叡」の36センチ砲の標的艦として撃沈処分。
		ポルタワ	丹後	大正5年(1916)ロシア海軍に返還。
		ペレスヴェート	相模	大正5年(1916)ロシア海軍に返還。翌年ドイツ潜水艦が敷設した機雷に触れて沈没。
		ポベーダ	周防	第一次大戦では青島攻略戦に参加。大正11年(1922)ワシントン軍縮条約に基づき除籍・解体。
		レトウィザン	肥前	大正12年(1923)に除籍。翌年豊後水道で標的艦として撃沈。
		オリョール	石見	第一次大戦では青島攻略戦に参加。大正11年(1922)に除籍。同13年爆撃実験艦として爆沈。
第一次大戦	ドイツ	ナッソー	―	ドイツ初のド級戦艦。日本は受領せず。
		オルデンブルク	―	「ナッソー」級に次ぐドイツの二番目のド級戦艦「ヘルゴラント」級の4番艦。日本は受領せず
	トルコ	トゥルグット・レイス	―	ドイツの前ド級戦艦「ブランデンブルク」級の1艦。建造後トルコに売却。日本は受領せず

鹵獲戦艦「壱岐」

元はバルチック艦隊の旗艦を務めたこともある有力艦「インペラートル・ニコライI世」。明治38年(1905)5月28日、日本海海戦で撃沈されるのを避けるため降伏、捕獲された。

「ナッソウ」級戦艦

写真は同型の「ラインラント」。「ナッソー」級はドイツが建造したド級戦艦。基準排水量:1万8570トン、主砲には28.3センチ連装砲を6基備えていた。

4-5 戦艦の主砲弾

被帽付き徹甲弾を主用
対航空機用も装備

日露戦争当時はおもに榴弾を使用していたが、その後、被帽付き徹甲弾が主流となる。また航空脅威が切実になるとともに対航空機用の砲弾も開発された。

日露戦争時の戦艦は主砲弾に徹甲弾と榴弾を使用した。しかし、徹甲弾は装甲を破る前に爆発する例が多くあまり役には立たなかったといわれる。瞬発信管（着弾と同時に爆発する信管。これに対して徹甲弾は着弾後、艦内で爆発するようになっていた）を付けた榴弾や中口径の速射砲の方が被害を与えることができた。とくに日本海軍の榴弾は発火性の高い**下瀬火薬**により敵艦の上構や人員に大きな被害を与えている。

日露戦争後、イギリスから**被帽付き徹甲弾**についての情報がもたらされた。弾体自体は先端を平坦に近くし、被帽を付けることで空気抵抗を減らすとともに、舷側に直接命中した時に被帽がひしゃげて装甲に食いつく効果が見込まれたのである。フランスの同様の主砲弾の情報ともあわせて開発が進められ、大正３年（1914）に**三年式徹甲弾**として採用された。以後、三年式徹甲弾は主力艦の主砲弾として昭和初期まで使われることとなる。また、昭和５年にはイギリスから遅動信管（敵艦内で正確に爆発する信管）を取り入れた**五号徹甲弾**が採用された。

その後、ワシントン軍縮条約により、船体まで完成したものの破棄されることになった戦艦「土佐」を使った砲撃実験により、一定の角度で落下した砲弾は水中をある程度直進することが判明した。日本海軍はこの特性を研究し、戦艦主用の徹甲弾として**八八式**、**九一式**、**一式徹甲弾**を完成させた。

一方、航空脅威が切実なものとして認識されるようになると、戦艦の主砲用にも対空弾が開発された。**零式通常弾**は、信管を瞬発～55秒に調整できる高角砲用の榴弾で、陸上目標への攻撃にも大きな威力を発揮した。**三式通常弾**は弾体の中に小型の焼夷弾を多数詰め込み、敵編隊の直前で破裂されることで編隊全体に被害を与えようというもので、戦艦用以外に重巡用も開発された。

日本海軍の戦艦用主砲弾

大和ミュージアムに展示されている九一式徹甲弾(両端。右端は風帽を取った状態)と三式通常弾(中央)。

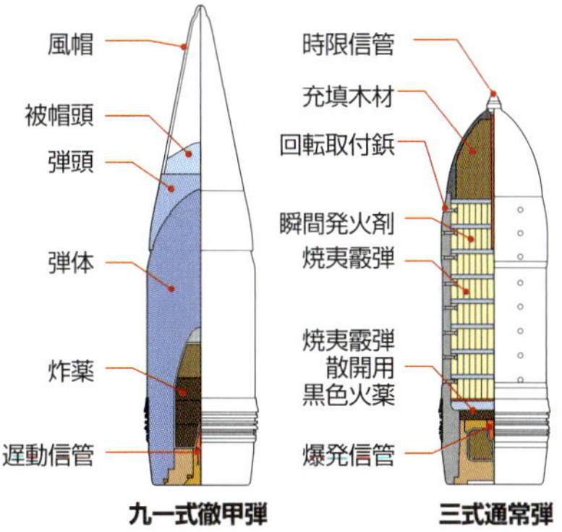

被帽付きの九一式徹甲弾は、的艦の手前に着弾した場合、被帽が脱落して水中を魚雷のように直進し、的艦の舷側に着弾するという日本海軍の秘密兵器であった。三式通常弾は、時限信管により空中で焼夷霰弾が散開して敵機を撃墜する対空弾で、通常弾という名称は対空弾であることを秘匿するための名称であった。

戦艦「大和」が使用した砲弾の種類	
46cm砲(主砲)	
弾丸種類	信管種類
九一式徹甲弾	弾底遅動信管
零式通常弾	弾頭時限信管
三式通常弾	弾頭時限信管

主砲射程の比較

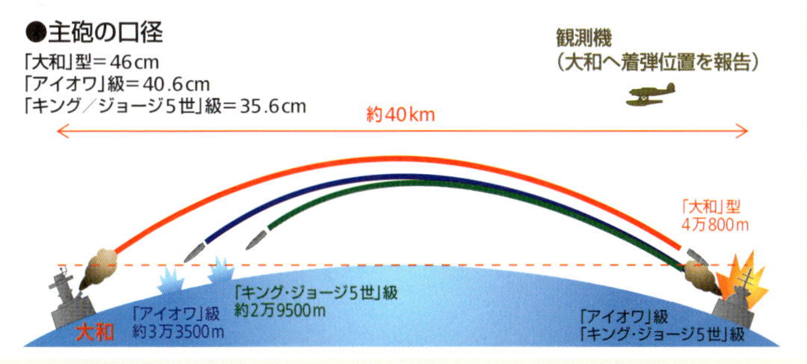

地球は球体のため、戦艦などの最上部からでも水平線は20キロ程度までしか見えない。しかし、さらに20キロ離れた場所に位置する敵戦艦のマストは視認可能である。このように遠距離砲戦はお互いがほとんど見えない状態で撃ち合うため、観測機からの報告によって砲撃の修正を行なうこととなる。観測機を自由に行動させるため、海戦海域の制空権の確保は重要で、零戦もそのために開発されたものだ。

4-6 戦艦の改装

作戦構想と戦訓を反映して実施

軍縮条約により主力艦の新造が制限された結果、保有している艦を新しい状態で保持し、長持ちさせる必要があった。そのために度重なる改装が行われた。

八八艦隊計画の時代には、主力艦は艦齢8年以下の新鋭艦を使うことになっていたので、大規模な改装は考えられていなかったが、ワシントン軍縮条約で主力艦の保有量に上限ができ、新造も制限されたため、主力艦を常に最新鋭の状態に維持することが求められた。そのためいずれの主力艦も以後、数度の改装が施された。一般に**第一次改装**と呼ばれるものは、第一次大戦の**ジュットランド沖海戦**の戦訓を受け、砲戦距離を3万メートルにまで延伸するため、主砲の砲身仰角の増大と砲戦指揮装置の設置、砲戦距離延伸に伴う大落下角弾と飛行機などからの爆弾に対する水平面の防御の強化、バルジ（舷側水中部分の膨らみ）の装着による浮力の増加と水中防御の強化などが行われている。たとえば**「金剛」型**では、この結果速力が26ノットにまで落ちたため巡洋戦艦から戦艦に艦種が変更された。また、同型の「**比叡**」は練習戦艦とされたため、機関の半減、舷側装甲帯の大半と第4砲塔の撤去が行われている。

いっぽう**第二次改装**とは、ロンドン軍縮条約により、対米戦において昼間決戦前夜に重巡、水雷戦隊による夜戦を行うことになったのを受けた改装で、夜戦部隊として巡洋艦・駆逐艦と行動をともにする「金剛」型では、速力を増大するため機関を換装して出力を増大、艦尾も延長し再び30ノットの速力を取り戻した。これらの改装は、「金剛」型こそ一次、二次と明確に分けられるが、**「扶桑」型**では毎年のように小刻みに行われ、**「伊勢」型**、**「長門」型**では昭和9年以降に一気に行われている。また、太平洋戦争開戦前には多くの主力艦に注排水装置の導入、高角砲や対空機銃の増備、航空兵装の装備などが行われた。開戦後は多くの戦艦で対空機銃の増備を中心に改装が行われたが、「**伊勢**」「**日向**」は後部の5、6番砲塔を撤去して飛行甲板と格納庫を設け、22機の艦爆「**彗星**」、水上偵察機（急降下爆撃可能）「**瑞雲**」を搭載する航空戦艦に改装されている。また、**「伊勢」型**、「**大和**」「**長門**」「**金剛**」では機銃と高角砲の増備も行われている。

「金剛」型の変遷

イラスト／渡部篤

▶ **竣工時**

竣工当時の「金剛」型は巡洋戦艦に種別されていた。イラストは竣工当時の「金剛」を描いたもので、前檣楼はまだ小さいが、第一次改装が始まる以前に、大型化の改装が行われた。

▶ **第一次改装後**

主砲ほかの兵装関係および防御面の改装、機関の換装に伴い前檣楼のすぐ後ろの煙突の撤去などが行われた。イラストは第二次改装後の「榛名」の艦形である。

▶ **第二次改装後**

改装の主眼となった機関の換装に加えて、さらに艦橋が大型化し、後部艦橋も新たに造られた。また航空兵装は呉式ロ二号射出機三型式に換装された。イラストは第二次改装後の「霧島」である。

航空戦艦

昭和19年(1944)10月25日、エンガノ岬海戦で米軍機の攻撃を受ける航空戦艦「伊勢」。艦尾(写真右側)のフラットな部分が射出甲板で、搭載機は射出機から射出されるが、長さ70メートルの甲板では着艦できないため、水上機以外は地上基地に着陸することになっていた。しかし、航空戦艦に改装された「伊勢」「日向」とも、結局航空機を搭載した作戦を行うことはなかった。

4-7

航空母艦の役割と変遷①

当初より攻撃兵器と位置づける

索敵などにも用いる考えだったイギリスに対し、日本では空母を始めから攻撃兵器と捉えていたが、「鳳翔」、「赤城」「加賀」、「龍驤」と試行錯誤を繰り返した。

英海軍では当初**空母**を、第一次大戦で索敵に活躍した水上機母艦の延長としてとらえていたが、独自に艦上雷撃機を製作するなど攻撃兵器としての模索も行われていた。対して、日本海軍では空母は初めから純然たる攻撃兵力として認識されていた。そのため、大正 11 年（1922）に竣工した初の空母「**鳳翔**」の完成に合わせて、十年式と呼ばれる艦上戦闘機（艦戦）、艦上雷撃機、艦上偵察機（艦偵）が開発され、決戦時に敵主力艦に対する攻撃力発揮が期待された。

ワシントン軍縮条約を受けて、主力艦から空母へと改造された「**赤城**」「**加賀**」は、大型の空母に対する明確なコンセプトがまだ明確でない状態での改造だったため、飛行甲板を三段式とし、煙突も「赤城」は舷側に下向きに、「加賀」は艦側から艦尾まで伸びる長大な誘導煙突にするなど、試行錯誤の連続であった。この大型空母も攻撃兵力として考えられ、失敗に終わったが、双発艦上攻撃機（のちの九三式陸上攻撃機：艦攻／陸攻）の開発を行うなど、攻撃力に力を入れている。しかし、三段空母という形態は運用上の問題が発覚、昭和に入ると両艦とも最上飛行甲板を延長した全通飛行甲板型式に改装された。これにより格納庫が拡大し搭載機数も増大した。攻撃用の搭載機は、十年式雷撃機の失敗を受けて開発された一三式艦上攻撃機（艦攻）が長く使われ、次いで九三式艦攻、九六式艦攻が採用されている。

次に建造された「**龍驤**《りゅうじょう》」は、いかにコンパクトな船体に多数の搭載機を載せられるかを模索した「実験艦」であった。1 万トン以下の空母は保有制限の対象外とされたため、このような空母を多数揃えることができれば空母戦力の大幅な向上が見込まれたからである。8800 トンの「龍驤」には 2 段式の格納庫が載せられ、搭載機 36 機（補用 12 機）の運用が見込まれたが、艦はバランスや強度に欠けた失敗作となり、数次の改装が実施され、太平洋戦争の頃には運用機数は 30 機程度になっていた。

日本初の空母「鳳翔」

「鳳翔」は始めから空母として計画された世界初の艦。搭載機は15機程度と少なかった（資料提供：大和ミュージアム）

三段式空母「赤城」「加賀」

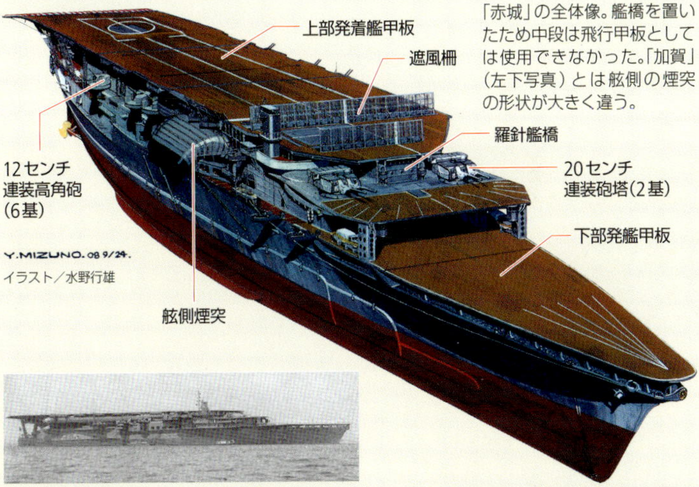

イラスト／水野行雄

「赤城」の全体像。艦橋を置いたため中段は飛行甲板としては使用できなかった。「加賀」（左下写真）とは舷側の煙突の形状が大きく違う。

航空母艦の変遷①

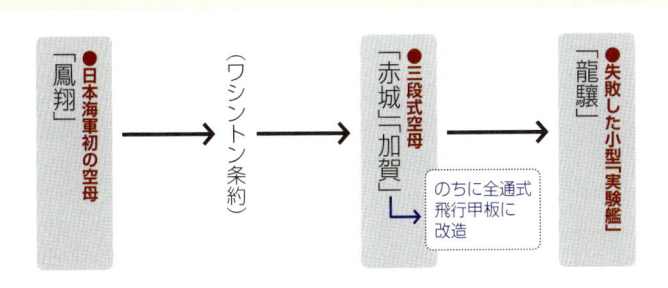

●日本海軍初の空母
「鳳翔」

→（ワシントン条約）→

●三段式空母
「赤城」「加賀」
└→ のちに全通式飛行甲板に改造

→

●失敗した小型「実験艦」
「龍驤」

4-8 航空母艦の役割と変遷②

高速攻撃空母、改造空母、決定版「翔鶴」型、装甲空母「大鳳」

高速攻撃空母「蒼龍」「飛龍」、改造空母、そして決定版たる「翔鶴」型と装甲空母「大鳳」が登場、さらには「雲龍」型と「信濃」が造られる。

昭和5年（1930）の**ロンドン軍縮条約**で潜水艦保有量が制限されたため、**漸減作戦**に空母を活用することが考えられ、高速攻撃空母「**蒼龍**」「**飛龍**」の2艦が造られた。当初は主砲を持つ巡洋艦と空母のハイブリッド艦として計画されたが通常型空母として建造されている。その任務は機動部隊を編成して敵艦隊に付属する空母に先制攻撃を加えることであった。そのため、従来は試験的に開発されていた急降下爆撃が可能な艦上爆撃機（艦爆）の搭載が真剣に検討されている。一方、同条約の結果、潜水母艦や水上機母艦、給油艦など、条約制限対象外の艦艇を、空母としての改造を前提に建造、**「祥鳳」型**と**「千代田」型**の計5隻に改造されている。また大型商船の空母への改造も考えられたが、艦隊用には機関の高出力化が必要なため、高速商船改造の「**飛鷹**」以外は低速のため、主力艦隊に付属させて決戦時の制空権の確保と攻撃力の増大を目指した。

続く**「翔鶴」型**2隻は軍縮計画脱退直後の**㊂計画**で建造された「飛龍」の拡大型で、搭載機数や航続力などにおいて、初めて日本海軍が満足できる大型空母となった。これにより日本の空母は一応の完成を見たが、飛行甲板が木製のため脆弱という弱点があった。そこで敵急降下爆撃機による500キロ爆弾の直撃にも耐えられるよう飛行甲板を装甲化した「**大鳳**《たいほう》」が造られた。飛行甲板が重くなってバランスが悪くなるのを防ぐため格納庫を1段にしたため搭載機数は減ったが、飛行甲板上に飛行機を露天繋止することで補うものとされた。その後、日本の空母はこの「大鳳」を基準にしてより大型化が図られる予定だったが、開戦により「飛龍」を原型とした**「雲龍」型**の量産に切り替えられた。

開戦半年後の**ミッドウェー作戦**の敗戦により4隻の空母を失ったため、海軍は「空母増勢計画」を策定し、建造途中で作業が止まっていた「大和」型戦艦の3番艦「**信濃**」を空母化することとなった。「大鳳」と同じく飛行甲板を装甲化し、機動部隊本隊よりも先行させて中継基地として使う構想であった。

日本空母の“完成形”「翔鶴」型

無条約時代に入った後の㊂計画の目玉として建造された「翔鶴」。欠点は飛行甲板が脆弱で急降下爆撃機の攻撃に耐えられない点にあった。

“装甲空母”「大鳳」

イラスト／上田信

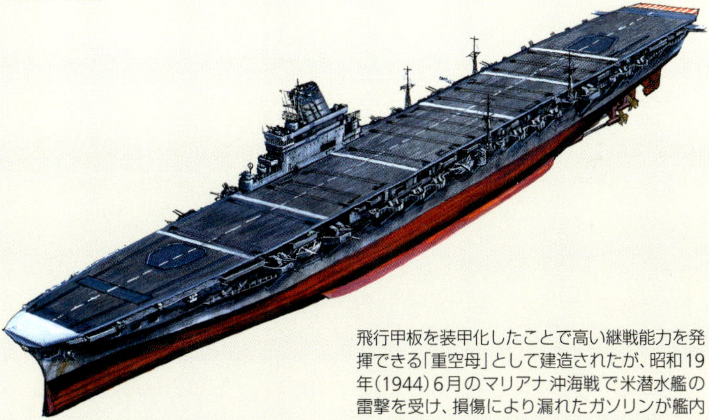

飛行甲板を装甲化したことで高い継戦能力を発揮できる「重空母」として建造されたが、昭和19年(1944)6月のマリアナ沖海戦で米潜水艦の雷撃を受け、損傷により漏れたガソリンが艦内に充満、引火して大爆発をおこし沈没した。

航空母艦の変遷②

(ロンドン軍縮条約) →

- ●漸減作戦用高速攻撃空母 「蒼龍」「飛龍」
- ●条約非制限艦艇改造空母 「祥鳳」型、「千代田」型
- ●商船改造空母 「飛鷹」型、「大鷹」型 「海鷹」型、「神鷹」型

→

- ●日本空母の「完成形」 「翔鶴」型(「翔鶴」「瑞鶴」)

→

- ●「装甲空母」 「大鳳」
- ●「飛龍」型をベースとした量産型 「雲龍」型
- ●「大和」型戦艦三番艦の空母への改造 「信濃」

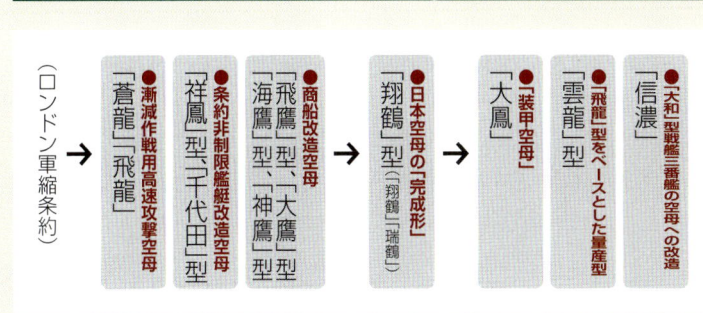

4-9 軽（二等）巡洋艦の役割と変遷

水雷戦隊・潜水戦隊の旗艦を担う

日本海軍では二等巡洋艦と呼ばれた軽巡洋艦は、水雷戦隊あるいは潜水戦隊の旗艦としての役割を担っていた。日露戦争後の「天龍」型以降の発展をたどる。

巡洋艦とは外洋を航行可能な戦闘艦を指すが、大型化し装甲と攻撃力を強化した**装甲巡洋艦**は**巡洋戦艦**へと変貌して主力艦に数えられるようになった。これに対してより小型（およそ5000トン以上）で速力も戦艦などより速く、航続力のある艦が艦隊のなかでさまざまな用途に使用されるようになった。日本を除く列強各国では植民地防御用にも用いられている。ちなみに日本海軍の場合、**日清戦争**では巡洋艦が艦隊の主力であった。**日露戦争**では主役は戦艦と装甲巡洋艦に移ったが、船団の護衛や接敵などの任務には巡洋艦が当たっている。

日露戦争後、海軍は想定敵を米艦隊とし、**八八艦隊**に付属し外洋で戦う、駆逐艦を主戦力とする**水雷戦隊**の旗艦に巡洋艦を当てることにした。大正8年(1919)の**「天龍」型**2隻以降に建造された、「天龍」型の拡大改良型であるいわゆる**5500トン型**14隻（**「球磨」型**［艦型拡大型］6隻、**「長良」型**［搭載魚雷を53.3センチから61センチに強化］6隻、**「川内《せんだい》」型**［ボイラーの一部を石炭重油混焼罐へ］3隻）がこれに当たる。さらに、同じ能力を持たせてコストダウンを徹底した「**夕張**」も建造されたが、艦型が小さすぎるために実験艦で終わっている。

これらの巡洋艦の特徴は、水雷戦隊の旗艦として敵艦隊の防御陣を突破するための砲撃力と、駆逐艦とともに雷撃するための水雷兵装を搭載している点にある。また、5500トン型は数多く作られたため、水雷戦隊の旗艦以外に潜水戦隊旗艦や単艦での北方警備任務などにも投入されている。

主砲が14センチのこれらの巡洋艦はロンドン条約では巡洋艦Bに分類され、海軍では**二等巡洋艦**、一般には**軽巡洋艦（軽巡）**と呼ばれるようになった。

これらの艦は太平洋戦争開戦時にはすでに老朽化が激しく、新型駆逐艦との連携が難しいと考えられたため**「阿賀野」型軽巡**4隻が、また潜水戦隊旗艦用として「**大淀**」が建造された。この艦は、漸減作戦において多くの潜水艦のために敵艦隊の情報を収集するため、高速水上偵察機「**紫雲**」6機を搭載できた。

5500トン型

(上)「球磨」型巡洋艦の2番艦「多摩」。大正後期の撮影。(下)「長良」型巡洋艦2番艦の「五十鈴」。

「阿賀野」型

5500トン型の老朽化を受けて水雷戦隊旗艦用として建造されたのが「阿賀野」型で、写真は2番艦の「能代」。

軽(二等)巡洋艦の変遷

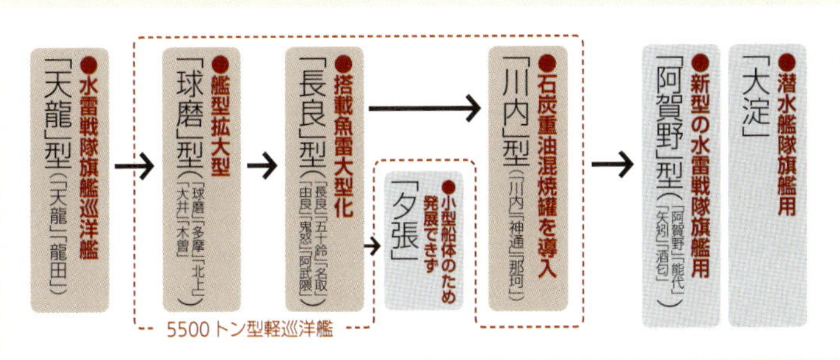

4-10 重（一等）巡洋艦の役割と変遷

口径20.3センチ以下の砲を備える「一等巡洋艦」の発達

米海軍の強力な巡洋艦「オマハ」級の出現を受けて日本海軍は20センチクラスの砲を備える巡洋艦を続々と建造する。これら重巡洋艦の発展を見ていく。

5500トン型軽巡洋艦を多数建造した日本海軍に対し、米海軍はさらに強力な「オマハ」級で対抗してきた。そこで備砲を20センチに強化した7000トンクラスの**「古鷹《ふるたか》」型**4隻を建造、さらに艦型を拡大し20センチ連装砲塔5基を備えた**「妙高」型**4隻の建造に着手し、**ワシントン軍縮条約**下で対象外となっている1万トン以下の補助艦で世界をリードした。

昭和5年（1390）締結の**ロンドン軍縮条約**ではこの補助艦についての制限が設けられ、備砲の口径が6.1インチ（15.5センチ）以上（上限は8インチ［20.3センチ］）のものを巡洋艦A、それ以下のものを巡洋艦Bと定義し、それぞれの保有量に制限が設けられた。巡洋艦Aは日本海軍では「**一等巡洋艦**」に類別され、一般には**重巡洋艦（重巡）**と呼ばれることとなる。そして、この制限に従えば、日本が「古鷹」型、「妙高」型以外に建造できる重巡は4隻となった。

ところで、このロンドン条約は日本海軍の対米作戦構想にも影響を与えた。すなわち、決戦前夜の水雷戦隊、巡洋艦戦隊による夜戦が新たなドクトリンとして採り入れられたのだ。こうして夜戦指揮能力に重点を置いた重巡が、「妙高」型に続く**「高雄」型**として4隻建造された。

いっぽう軽巡の保有枠を利用して建造されたのが**「最上」型**4隻で、主砲は15.5センチ3連装砲塔5基15門だが、戦時には20.3センチ連装砲塔への換装が予定され、実際に実施された。また、このときに取り外された15.5センチ砲塔は「大和」型の副砲や「大淀」の主砲のほか、要地の対空砲として再利用されている。「最上」型に続いて同じく軽巡の枠で建造されたのが**「利根」型**である。建造中に軍縮条約の破棄が決まり、結局最初から20.3センチ砲を搭載した。「利根」型は従来のように艦の前後に主砲を分散することを改め、艦の前部に4砲塔を集中。後部は最大6機の水上偵察機の運用が可能である。そのため、開戦後は空母機動部隊に随伴し、部隊の「目」として活躍している。

「妙高」型

重巡「妙高」。昭和4年（1929）に完成。太平洋戦争ではスラバヤ沖海戦、珊瑚海海戦、ミッドウェー海戦、南太平洋海戦、マリアナ沖海戦、レイテ沖海戦など主要な海戦に参加、昭和19年に米潜水艦の攻撃を受け損傷し、シンガポールで終戦を迎える。

「最上」型

軽巡洋艦として建造され、戦争間近に15.5センチ砲を20.3センチ砲に換装した「最上」型。写真はミッドウェー海戦で沈没間際の「三隈」。

「利根」型

主砲塔4基を前部に集め、後部を飛行作業用にあてた偵察重視の「利根」型。写真は同型艦の「筑摩」。

重（一等）巡洋艦の変遷

（米海軍「オマハ」級の登場）
→ 「古鷹」型（「古鷹」「加古」「青葉」「衣笠」）
●20センチ砲装備
→ 「妙高」型（「妙高」「那智」「足柄」「羽黒」）
●20センチ連装砲×5基
→ （ロンドン条約で「巡洋艦A」に分類）
→ 「高尾」型（「高尾」「愛宕」「摩耶」「鳥海」）
●夜戦指揮能力
→ 「最上」型（「最上」「三隈」「鈴谷」「熊野」）
●軽巡として建造
→ 「利根」型（「利根」「筑摩」）
●6機の水偵を搭載

4-11 駆逐艦の役割と変遷①

一等、二等駆逐艦による ハイ&ローミックス構想

水雷艇に取って代わり艦隊を構成する艦種として定着した駆逐艦。日露戦争後、日本では大型の一等とやや小型の二等の2種に分けられて整備されていった。

駆逐艦とは本来、主力艦などの護衛のために水雷艇を「駆逐」する艦種として誕生した。しかし、主力艦に随伴するために水雷艇よりもレベルの高い航洋性と機動力、砲撃力をもち、自らも魚雷を搭載することにより、水雷艇に取って代わった艦種である。

古くは日露戦争の旅順攻防戦や**日本海海戦**での活躍が知られるが、その後対米戦が意識されるようになると、太平洋上で活動できる、より航洋性の高い大型駆逐艦が求められるようになった。**八八艦隊計画**の中にあって、駆逐艦は大型で航洋性の高い**一等駆逐艦**と、やや小型にして兵装も減らした**二等駆逐艦**の二種類が整備されることとなる。いわゆる*ハイ&ローミックス構想で、いざという場合は二等駆逐艦も外洋での戦いに駆り出されることとなる。

八八艦隊時代には、駆逐艦も**タービン機関**が常識となり、一等駆逐艦の**「磯風」型**、**「江風《かわかぜ》」型**、**「峯風」型**、**「神風」型**が合計30隻建造された。とくに「峯風」型は40ノットに迫る快速を誇っていた。二等駆逐艦は**「桃」型**、**「楢《なら》」型**、**「樅《もみ》」型**、**「若竹」型**が合計39隻が建造された。一等も二等も最終的に53.3センチ魚雷を装備したが、発射管は一等は連装3基、二等は連装2基に落ち着いている。備砲は一等は12センチ単装砲4基、二等は3基であった。

これらの駆逐艦は太平洋戦争時にはすでに艦齢が古くなっていたが、一部は駆逐艦不足を補うために現役で、改造されて哨戒艇になったものもあった。

いっぽう、大正末から昭和初期に「神風」型の船体をベースに建造されたのが**「睦月」型**12隻である。従来の駆逐艦との大きな違いは魚雷の口径が61センチになったことで、3連装発射管を2基搭載していた。備砲は12センチ単装砲4基、速力は37ノットであった。しかし、艦橋の前面に設けられたウェルデッキと呼ばれる一段低い甲板に発射管を装備したため、荒天下では直接波を被るため、不利は免れなかった。

＊ハイ&ローミックス構想＝大型艦と小型艦を同時に整備することで、戦力の発揮と予算低減を実現しようとする構想のこと。

「峯風」型一等駆逐艦

写真は大正9年(1920)に竣工した一番艦「峯風」。全長97.54メートル、基準排水量1215トン。兵装:53.5センチ発射管×3基ほか。

「楢」型二等駆逐艦

写真は大正7年(1918)に竣工した一番艦「楢」。全長83.82メートル、基準排水量770トン。

「若竹」型二等駆逐艦

写真は大正11年(1922)に竣工した一番艦「若竹」。全長83.82メートル、基準排水量820トン。

駆逐艦の変遷①

一等駆逐艦：「磯風」型(4隻) →「江風」型(2隻) ●「磯風」型の改良型 →「峯風」型(15隻) ●40ノットの快速を発揮 →「神風」型(9隻) ●八八艦隊の主力駆逐艦 →「睦月」型(12隻) ●61センチ魚雷を搭載

二等駆逐艦：「桃」型(4隻) ●低速ながら強武装 →「楢」型(6隻) ●「桃」型の改正型 →「樅」型(21隻) ●「峯風」型のスケールダウン版 →「若竹」型(8隻) ●「樅」型の復元力増加型

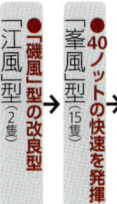

決定版「吹雪」型の登場と武装と速度の両立という悩み

昭和3年、その後の設計の基本となる「吹雪」型が登場する。以後、トン数制限下での重武装化が図られたが、速度性能との両立に苦労することになる。

「睦月」型に続き昭和3年（1928）に竣工した**「吹雪」型**は、3連装61センチ魚雷発射管3基、12.7センチ連装砲3基を備えたもので、従来の駆逐艦の1.5倍の戦力を持つことから**「特型」駆逐艦**と呼ばれた。以後、日本海軍の駆逐艦はこの「吹雪」型の性能を基準として開発されることになる。しかし本艦は**ロンドン軍縮会議**の俎上に載せられ、以後の駆逐艦は「吹雪」型の約2000トンに対して1500トンに制限されることとなった。この制限を受けて建造された**「初春」型**は1500トンの船体に「吹雪」型と同様の兵装を詰め込んだものだが、同様の思想で建造された条約外の小型駆逐艦ともいうべき水雷艇**「友鶴」**が転覆事故を起こしたため、兵装を減じることを余儀なくされた。次の**「白露」型**は、新開発の酸素魚雷、**九三式魚雷**を装備、発射管も4連装2基として「吹雪」型の9射線に対して8射線を確保。さらに、戦場で早急に第二撃を可能とする次発装填装置が装備された。しかし、小型の船体はやはり航洋性に不満が残り、34ノットの速力も不足とされた。

昭和12年に竣工した**「朝露」型**を経て開戦までに**「陽炎」型**、**「夕雲」型**を艦隊型駆逐艦として量産したが、すべて4連装発射管2基に次発装填装置、12.7センチ連装砲3基という内容で、速力は35ノット程度となったが、米巡洋艦の速力が30ノット以上という現実を考えると、35ノットは物足りなかった。

この速力不足を解消すべく新開発の機関を搭載し、発射管も5連装3基（次発装填装置なし）とし、40ノットの発揮を目指したのが「**島風**」だったが、試験艦として1艦の建造に終わっている。また、空母機動部隊の直衛防空艦として、主砲を高角砲とした直衛艦は、発射管を搭載するため駆逐艦に分類され、**「秋月」型**、**改「秋月」型**12隻が建造されている。さらに昭和17年のソロモン攻防戦の戦訓を受け、速力が遅くとも対空、対潜攻撃力に優れた**「松」型**、**改「松」型**が終戦時にかけて32隻建造され、日本海軍の残存実戦部隊の中核となった。

日本海軍駆逐艦の“決定版”「吹雪」型（特型）

「吹雪」型（特型）の15番艦「天霧」。

イラスト／胃袋豊彦

ワシントン軍縮条約締結後、主力艦保有量を制限された日本海軍は、劣勢を補うために制限外艦艇の整備に力を注いだが、「吹雪」型もそのひとつで、イラストはその8番艦「白雲」。

発射管の配置

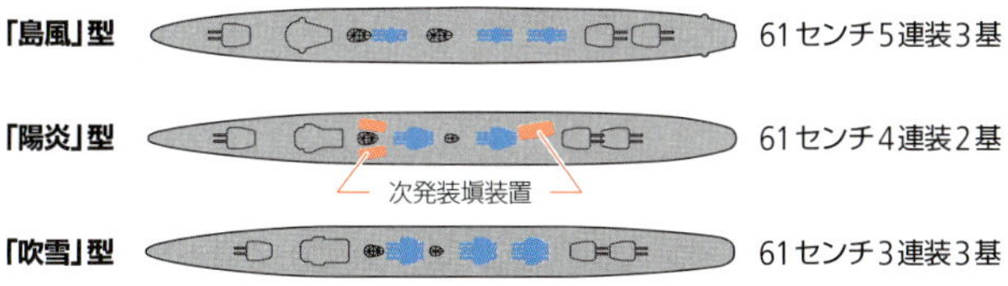

駆逐艦の変遷②

「吹雪」型（特型）（24隻）
●“決定版”

→（ロンドン条約）
→（「友鶴」事件）

→「初春」型（6隻）
●重武装搭載を狙うも失敗

→「白露」型（10隻）
●初めて酸素魚雷を搭載

→「朝露」型（10隻）
●条約脱退を見込み大型化

→「陽炎」型（19隻）
●艦隊型駆逐艦の決定版

→「夕雲」型（19隻）
●「陽炎」型の改正版

→「島風」
●重雷装・高速を狙った試験艦

→「秋月」型、改「秋月」型（計12隻）
●空母機動部隊直衛防空艦

→「松」型、改「松」型（計32隻）
●高い対空・隊潜攻撃力

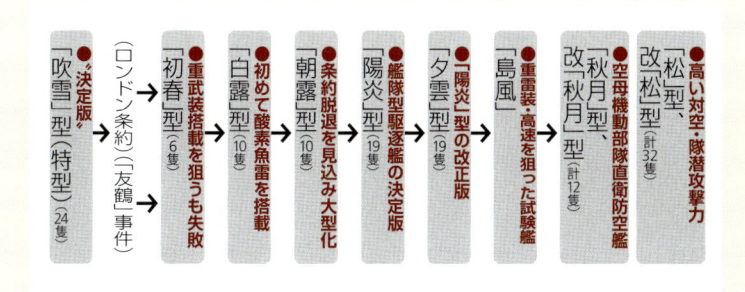

潜水艦開発の黎明期と海大型、巡潜I型

日露戦争後、日本海軍も世界の趨勢に鑑みて潜水艦の開発を始める。そして大正後期に大型の海大型、航続力の高い巡潜I型が登場する。

実用的な潜水艦のひとつである、アメリカで開発された「**ホランド**」型潜水艇が日本に到着したのは日露戦争が終わった後のことであった。日本海軍はこの「ホランド」型を見本に潜水艦の開発に乗り出すことになった。

その後、日本海軍はイギリス、フランス、イタリアなどから技術を導入して数多くの潜水艦を建造したが、あくまで近海防御用の中型潜水艦しか建造できなかった。

それでも、これらの経験を基にして**八八艦隊計画**に合わせて、基準排水量1300トンを超える大型高速潜水艦の建造に乗り出した。これが大正13年

日露戦争中に日本海軍は「ホランド」型潜水艇を輸入し、それを元に最初の潜水艇5隻を建造した。写真は第5潜水艇。

史上初の実用的な潜水艇が「ホランド」型で、写真はその第1号艇「ホランド」(SS-1)である。

巡潜I型伊三潜水艦。I型はドイツの技術者を招いてUボートを元にして建造された。日本から米西海岸まで往復が可能で、潜水艦による長距離渡洋作戦を可能にした最初のタイプ。

（1924）から竣工が始まった海軍大型潜水艦（**海大型**）、のちの海大Ⅰ型シリーズで、第一艦の第 44 号潜水艦（のちの伊五一、開戦後は伊一五一）こそ 18 ノット強だった水上速力も、Ⅱ型からは 20 ノット強にまで引き上げられ、主力部隊とともに南方に進出するため、70 隻程度の整備が計画された。

海大型の整備と同時に、日本海軍では長躯敵泊地（ハワイ）近傍まで進出し、その動向を探るとともに、チャンスがあれば攻撃可能な巡洋潜水艦の建造も計画した。これは第一次大戦でのドイツの最新巡洋潜水艦をプロトタイプとしたもので、秘密裏にドイツ技術者を日本に招聘して開発が進められ、大正 15 年に**巡潜Ⅰ型**が完成した。本型の航続距離は 2 万 4000 海里に達し（海大型は型にもよるが 1 万海里以下）、水上速力も後期のタイプは 20 ノットを超えるまでになった。また、敵泊地偵察のために小型偵察機の搭載にも力が入れられ、当初は防水カプセルに分解して搭載し、現地で組み立て、水上滑走により離陸する方式だったが、カタパルト（射出機）の実用化により荒天でも運用可能となった。海軍では 20 隻程度の保有を目指したが、海大型とともに**ロンドン軍縮条約**により保有が制限された。

海大Ⅲ型a構造図

海大Ⅲ型aはⅠ型(伊五一)、Ⅱ型(伊五二)で不安定だったディーゼル機関などが改良され、実用化がなったとして同型艦4隻が建造された。イラストは1番艦の伊五三潜水艦。

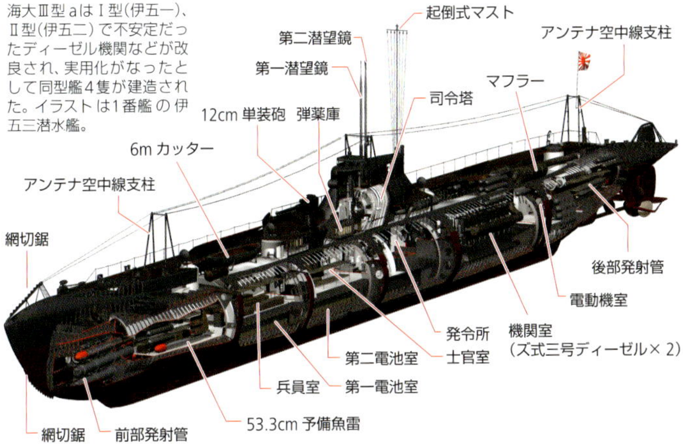

イラスト／原田敬至

4-14 潜水艦の役割と変遷②

無条約時代と太平洋戦争期の潜水艦開発

無条約時代以降、さまざまなタイプの潜水艦が建造されていく。このほか「甲標的」をはじめとする小型潜航艇も多数建造された。

昭和 12 年（1937）以降の無条約時代に入ると、**巡潜型**の船体を利用し艤装を変えることで大型潜水艦を建造する計画が立てられた。司令潜水艦（甲型）、通常偵察潜水艦（乙型）、重雷装潜水艦（丙型）の 3 種を揃える構想だったが、実際には各型それぞれ別設計となった。海軍ではこの新巡潜型をもって従来の巡潜型と海大型のそれぞれの任務をこなせるようにする予定であった。

甲型、**乙型**には小型水偵が搭載されたが、従来のカプセル式から水密式の格納庫が設けられ、短時間で組み立てから射出までができるようになった。実際、太平洋戦争開戦直前のハワイ偵察、その後の米西海岸の偵察と焼夷弾による軽攻撃、シドニー偵察などを成功させている。また、艦隊型潜水艦として**新海大型** 10 隻も戦力の補完のために建造されている。

開戦後、艦隊決戦の機会がなくなると、潜水艦の任務は小グループや単艦での敵艦艇攻撃や通商破壊が中心となった。接敵や好射点占位のためには水中での高速力が必要とされ、基準排水量 1000 トンの**潜高《せんたか》型**が計画された。水中速力 20 ノットを目指したが、結局は 17 ノット程度にとどまり、終戦までに 3 隻が完成しただけであった。

これとは別に、米東海岸攻撃用として、長大な航続力と特殊攻撃機を組み合わせた「潜水空母」というべき**潜特《せんとく》型**（基準排水量 3600 トン）が計画された。しかしこれも 3 隻の完成のみに終わり、攻撃目標もウルシー泊地攻撃へと変更され、出撃途中で終戦を迎えている。

いっぽう、艦隊決戦時に事前に決戦海面に潜伏し、機会を見て敵主力艦を攻撃するために開発されたのが「**甲標的**」と呼ばれる小型潜航艇である。結局はハワイを始めとする泊地攻撃に転用されたが、終戦まで甲型、乙型、丁型、丙型と進化した。丙型は「**蛟龍《こうりゅう》**」と名付けられ、5 人乗りで長期行動が可能であった。いずれの型も主兵力は 45 センチ魚雷 2 本であった。

乙型潜水艦

写真は乙型改二の伊五八潜水艦の発射管室。同艦は乙型シリーズ最後の潜水艦で、「回天」搭載艦として建造された。昭和20年(1945)7月30日に米重巡「インディアナポリス」を雷撃で沈めている。

イラストの伊一九は昭和16年4月に竣工した乙型初期の潜水艦。潜水艦に偵察機を搭載する試みはすでに各国で行われていたが、技術的な難しさからいずれも実験段階で留まり、実用艦を大量に建造したのは日本海軍だけであった。

潜特型潜水艦

イラストは潜特型の伊四〇〇。太平洋戦争初期にパナマ運河攻撃のために計画されたものの、技術的な困難さから船体と搭載機の開発が大幅に遅れたため、昭和20年7月の出撃では攻撃目標をウルシー環礁に変更された。しかし、結局それも出撃途上で終戦を迎えている。

イラスト／原田敬至(乙型も同じ)

生産性の悪い「占守」型から真の量産型・丙方、丁型まで

対米決戦兵力の拡充に専念していた海軍であったが、民間に委ねるかたちで海防艦の建造もとりあえずは進めていた。その発展の流れをたどる。

日本海軍では海上護衛（海上通商路を航行する商船の護衛）は非常に軽く見られており、すべての戦力の整備は米艦隊との決戦に向けて進められていた。しかし、海上護衛は海軍の責任であり、対米戦争が長期戦となる見込みもあったため、形だけでも海上護衛艦艇の整備をする必要があった。こうして**㊂計画**から**海防艦**が造られることになった。

ちなみに、海防艦という艦種はそれ以前からあるが、これは旧式戦艦や旧式大型巡洋艦を近海警備や外交用などに転用したもので、「軍艦」に類別されていたため艦首に菊花紋章をつけ、豪華な艦長室などを備えていた。しかし、上述のように、戦時の通商路護衛艦を海防艦と名付けたため、最初の海防艦である**「占守」型**は艦種の類別変更が間に合わずに軍艦籍のままで、艦首に菊花紋章を付け、艦長は大佐であった。

海防艦は昭和５年のロンドン条約締結を受けて策定された㊀計画時から要求されていたが、実現したのは上記のように㊂計画になってからである。しかも、海軍側が多忙なため、設計・建造は民間に任せ、戦時にこの図面を流用して量産に入る考えであった。しかしできあがったものはとても戦時急増には向かない凝った構造のものであった。民間側が張り切りすぎたのである。これが最初の海防艦「占守」型で、太平洋戦争開戦以前は北方での漁業保護などの任務に就いていた。

開戦後、海軍は慌てて構造の簡易化に取りかかり、**「択捉」型**を経て、主砲を高角砲にした**「御蔵《みくら》」型**、さらに構造を簡易化して対空機銃を増備した**「鵜来《うくる》」型**など、徐々に構造期間の短縮を図れるようになったが、真の量産型である**丙型**（ディーゼル機関搭載）、**丁型**（タービン機関搭載）が登場したのは昭和19年（1944）に入ってからであった。とはいえ、レーダーや探信儀、対潜攻撃兵器の性能が劣っていたため、結局、有効な護衛兵力たり得なかった。

「占守」型と丁型

「占守」型(左)の複雑な構造に比べて、量産型の丁型の構造のシンプルさがよくわかる。

「鵜来」型海防艦

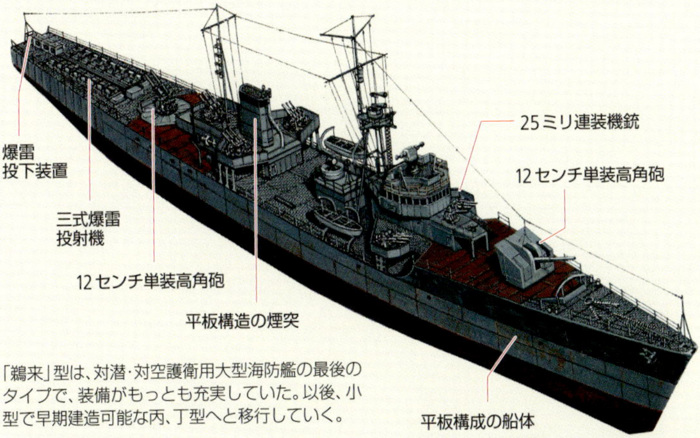

「鵜来」型は、対潜・対空護衛用大型海防艦の最後のタイプで、装備がもっとも充実していた。以後、小型で早期建造可能な丙、丁型へと移行していく。

海防艦の変遷

●最初の海防艦 「占守」型(4隻)
→ ●構造簡易化 「択捉」型(14隻)
→ ●主砲を高角砲にした 「御蔵」型(8隻)
→ ●対空機銃を増備 「鵜来」型(29隻)
→ ●ディーゼル機関搭載量産型 丙型(53隻)
→ ●タービン機関搭載量産型 丁型(63隻)

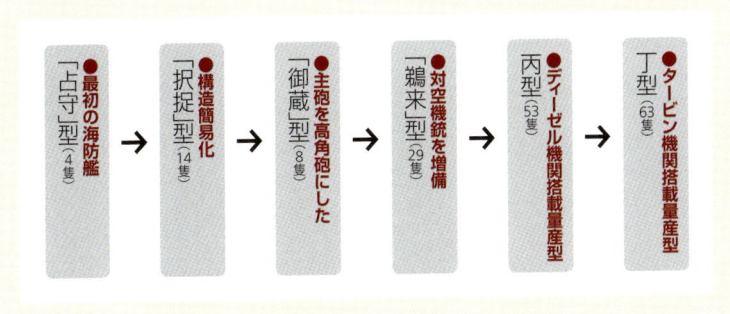

日本海軍だけが成し遂げた酸素魚雷の実用化

列強海軍のなかでも特に魚雷を重視した日本海軍。その執念により世界でただ一人、酸素魚雷の開発に成功した。その驚くべき仕組みとは。

日本海軍は**水雷戦隊**（駆逐艦主体）による肉薄魚雷攻撃を重視していた。そのため、他国が20インチ（53.3センチ）魚雷で満足していたのに対し、いち早く61センチ（約24インチ）魚雷を開発し、**「睦月」型駆逐艦**から装備を開始していた。魚雷は口径が大きくなるほど炸薬量や射程が増大するが、砲弾と違って中甲板や露天甲板に置かれるため、攻撃を受けた場合に誘爆する可能性が高く、両刃の剣ともいうべき存在であった。そのため日本以外の海軍では、巡洋艦には魚雷を搭載しないケースが次第に多くなっていった。

魚雷の動力はレシプロ式内燃機関だが、燃料を燃焼するために酸素を必要と

九三式魚雷（酸素魚雷）の構造

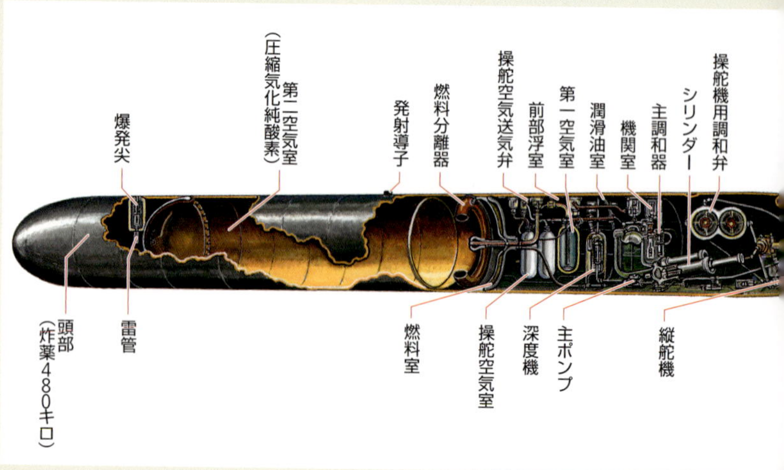

する。魚雷の性質上、使用時に外気を取り入れられないため、一般の魚雷は酸化剤として通常の空気を気室に充填したが、純酸素を使えば気室を小さくでき、炸薬量を増やせるため航続距離の延伸を図ることが可能となる。こうして各国とも純酸素魚雷の開発に取り組んだが、いずれも酸素の取り扱いが難しく爆発事故が相次ぎ開発を断念している。しかし、日本海軍のみは、最初に空気で着火して次第に酸素の濃度を上げる方法で見事に成功し、昭和８年（10年ともいわれる）に**九三式魚雷**として制式採用された。

この魚雷は無駄に排出される窒素がなく、使った酸素は燃料と融合するため海面に気泡がほとんど現れずほぼ無航跡で、駛走《しそう》距離も２万メートルを超えていた。当時の世界の重巡が搭載する20センチ砲の射程は約２万メートルだったため、日本の魚雷は各国の重巡の戦力に匹敵し、しかも防御の弱い艦底を破壊できるため強力な兵器となった。日本海軍はこの魚雷に大いに期待し、駆逐艦から重巡までに重雷装を施し、他国とは大きく異なる艦艇を揃えるに至った。酸素魚雷は潜水艦用にも53.3センチの**九五式**が開発されたほか、航空用の45センチ魚雷に採用される予定もあったが実現はしていない。

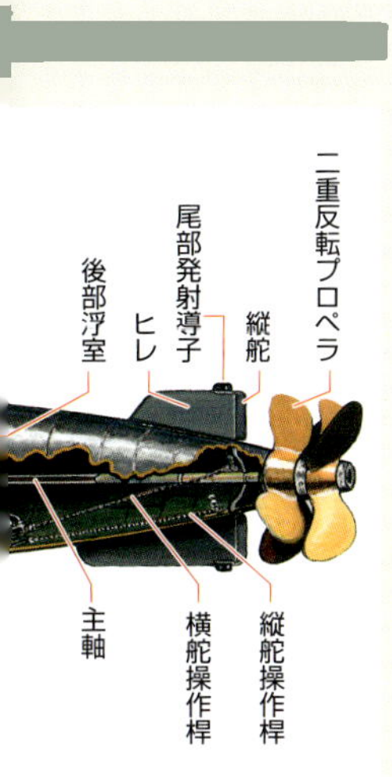

イラスト／大澤郁甫

日本海軍が使用した主要な魚雷とその性能

名称	直径	炸薬量	駛走力	原動力（酸化剤）
巡洋艦・駆逐艦用				
九三式魚雷一型	61cm	500kg	36ノット-40,000m	酸素使用
九三式魚雷三型	61cm	800kg	36ノット-30,000m	酸素使用
九〇式魚雷	61cm	400kg	35ノット-15,000m	過熱空気
潜水艦用				
九五式魚雷一型	53.3cm	400kg	45ノット-12,000m	酸素使用
九七式魚雷(甲標的用)	45cm	300kg	5,000m	酸素使用
航空機用				
九一式魚雷	45cm	160kg	42ノット-2,000m	過熱空気

4-17 推進機関の発達

標準装備となった蒸気タービン機関と口号艦本式罐

当初は蒸気レシプロが主流だったが、英仏からの輸入を機に、蒸気タービンやディーゼルへと移行、国産化が図られていった。

日本海軍艦船の推進機関は、明治から第一次大戦頃までは**蒸気レシプロ機関**[*1]が大部分だったが、1930 年代以降、**蒸気タービン機関**[*2]が主流となった。また潜水艦などには**ディーゼル機関**が使われた。蒸気タービン機関の導入は明治 25 年（1892）頃からフランス製（ソーニクロフト社）、イギリス製（ヤーロー社）の購入採用が行われた。蒸気機関に不可欠な罐（ボイラー）については、国内では宮原二郎機関大監（大佐）が宮原式ボイラーを開発し、戦艦「山城」などの大艦用ボイラーとして約 15 年間採用された。明治 33 年（1900）、**ヤーロー罐**をベースに国産の**艦本式**（艦政本部式の略）**罐**が生まれ、標準装備されていく。イギリス製の巡洋戦艦「金剛」がヤーロー罐を搭載していたのに対し、同型艦「比叡」はイ号艦本式罐を採用していた。その後、水ドラム[*3]形状を改良した口号艦本式罐が開発され、巡洋戦艦「霧島」「榛名」以降、終戦まで大型艦については全艦艇の主ボイラーに口号艦本式罐が装備された。

初期のタービンについては、明治 40 年（1907）、戦艦「安芸」、巡洋艦「伊吹」が、ローターと推進軸を直結した**カーチス・タービン（直結タービン）**[*4]を装備したのに始まる。しかし、高速回転によるプロペラの推進効率に問題があり、歯車式減速装置をタービンとプロペラ軸の中間に配置した**ギアード・タービン**に発展・改良された。この間、蒸気タービン機関の燃料は石炭専焼から石炭・重油混焼式を経て重油専焼になっており、高い発熱量の獲得と、給炭作業不要による省力化が進んだ。重油・石炭混焼式ヤーロー罐の「金剛」で 600 人だった要員は、口号罐の「大和」は約 150 人と 1/4 に減少している。さて、重油にも種類と用途があり、ディーゼル機関に使えたのは、粘性の低い **A 重油**（比重 083 ～ 0.88）で、ほかに **B 重油**（0.91 ～ 0.93）、**C 重油**（0.93 ～＝罐用重油）があった。燃料事情の厳しいにもかかわらず海軍のディーゼル機関には限られた種類の燃料しか対応できない難点があったのである。

＊1＝ボイラー（罐）で発生させた蒸気をシリンダーに導き、シリンダー内のビストンの往復運動によって動力を得るエンジン。
2＝蒸気でタービン（羽根車）を回して動力を得るエンジン。　3＝水管ボイラー下部でボイラー水（真水）を溜めておく円筒形部分。

蒸気機関とボイラーの発展

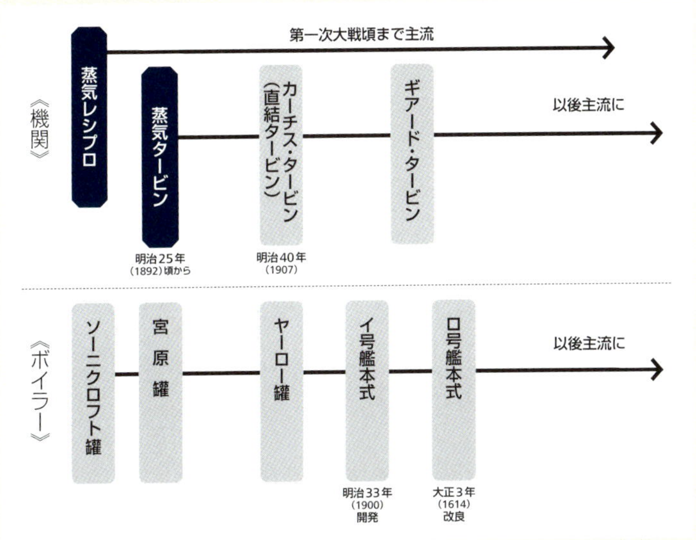

戦艦「金剛」のヤーロー罐

戦艦「金剛」に搭載されていたヤーロー罐。(資料提供:大和ミュージアム)

4＝タービン軸とプロペラ軸が直結されているタイプの船舶用タービン。

4-18 電測・水測兵器

遅れていたレーダーとアクティブ・ソナーの開発

日本海軍が実用化したこれらの兵器にはどのようなものがあり また英米に比べて立ち遅れていたのはなぜか。

電波によって目標を探知するのが**レーダー**（Radio Detection and Ranging）である。日本海軍は、早い時期から関心を持っていたにもかかわらず、開発着手で大幅に遅れをとる。大正 14 年（1925）、東北帝国大学教授八木秀次博士が極超短波発信用の「**八木アンテナ**」を考案発明したが、レーダーへの応用の着想もなく放置。昭和 10 年（1935）、アメリカからのレーダーの売り込みに対し、**海軍艦政本部**で検討の結果、技術的に不可能として黙殺。のちに昭和 17 年（1942）、シンガポールとマニラで鹵獲した英米陸軍用レーダーに八木アンテナが応用・実用化されていることに愕然とするのである。

一時はノクトビジョン（暗視装置）開発が有力となるなど、遠回りをして**電波探針儀**（電探・レーダー）の開発に着手した日本海軍は、昭和 16 年（1941）9 月に 1 号 1 型、10 月に 2 号 2 型の試作・実験に成功。すでにイギリス国内では全国レーダー網が完成していた。艦艇用の試作品完成は翌年春。対空用の 2 号 1 型（21 号）は航空機単機を 55 キロ、戦艦を 20 キロで探知、対水上用 2 号 2 型（22 号）は戦艦を 35 キロで探知し、霧中・夜間に有効、昭和 19 年（1944）後半には、小型軽量化した 1 号 3 型（13 号）が登場したが、アメリカ軍のレーダーには遠く及ばなかった。

水中音響兵器のうち、**ソナー**（Sound navigation and ranging）は、攻撃目標の発する推進器音などの可聴低周波音を探知する受け身の**パッシブ・ソナー**（Passive Sonar ＝水中聴音機）の研究開発が中心で、艦首部艦底に 10 ～ 20 個程度のマイクロフォン（捕音器）を等距離に配置し、敵艦のスクリュー音などを増幅した。昭和 8 年（1933）に開発の**九三式水中聴音機**は、ドイツ・イギリスの音響兵器のコピーであったが、ほとんどの日本海軍水上艦艇・潜水艦に使用され、水中状態によっては 25 ～ 30 キロ離れた船団等のスクリュー音を感知でき、方角誤差は約 5 度という性能をもっていた。

電測兵器

伊号402潜の艦橋に装備された各レーダー。昭和20年、呉。電磁ラッパ型が2号2型電探(水上見張用)、その右に串型(八木型)の1号3型電探(対空見張用)、左には敵電波を傍受するラケット型の逆探(電波探知機)がみえる。

日本海軍の主要レーダー

電探名	設置場所	用途	編隊探知距離(km)
1号1型	陸上用	対空哨戒用	250
1号2型	陸上用移動式	対空哨戒用	100
1号3型(13号)	陸上用・艦載用	対空哨戒用	100
2号1型(21号)	艦載用	対空哨戒用	100
2号2型(22号)	艦載用	対水上見張用	35
2号3型	艦載用	対空射撃用	13
3号2型	陸上用	対水上見張用	30
4号1型	陸上用	対空射撃用	40
4号2型	陸上用	対空射撃用	40

昭和17年(1942)5月、実験のために初めて2号1型電探が搭載された戦艦「伊勢」。写真は「伊勢」の測距塔の前面に取り付けられたアンテナで、送受信機は測距塔内部に装備された。(写真提供:大和ミュージアム)

4-19 観艦式

天皇親率の実態を顕示するビッグイベント

天皇が統監する大演習の締め括りとして開催された特別観艦式と大演習観艦式。明治元年から昭和15年までに計18回行われた。

観艦式（naval review）とは一国の元首が、自国の海軍を一地域に集めて観閲する行事のことで、イギリスにおける観艦式にならい、天皇親率の実態を顕示するものとして、天皇統監の大演習の締め括りとして行われるようになった。日本での観艦式は、**特別観艦式**および**大演習観艦式**に大別される。

日本で最初の観艦式は、明治元年（1868）3月26日に大阪港口天保山沖において明治天皇による天保山砲台からの叡覧をもって催された。このときの参加艦艇は佐賀藩の「電流丸」以下6隻、排水量合計は2452トンだった。以来、明治・大正・昭和と三代にわたり各6回ずつ計18回が開催された。正式に観艦式の呼称が用いられるようになったのは、明治33年（1900）の大演習観艦式から。明治38年（1905）10月の凱旋観艦式は、**連合艦隊**の式典として挙行され、日露戦争中に活躍した軍艦のほか、小艦艇、仮装巡洋艦なども参加し、日本海軍史上はじめて潜水艇（**ホランド型**）も登場する明治時代最大規模の観艦式となった。大正元年（1912）の横浜沖における大演習観艦式では、航空機2機（水上機）が初めて登場している。昭和海軍として最後の観艦式が昭和15年（1940）10月11日、横浜沖で開催された紀元2600年記念特別観艦式だった。参加艦船数こそ最大とはいかなかったものの、御召艦「比叡」、先導艦「高雄」、供奉艦に「古鷹」「加古」、以下5列構成、98隻の艦船が繰り広げた式典は、日本海軍史上最も華麗な観艦式と称せられた。

観艦式の観覧にあたっては「徒《いたずら》に外形的壮観をのみ賛美するの弊に陥ることなく、須《すべか》らく、海軍軍備の本質を十分に理解し、海洋国日本の立場を、而《しか》して躍進日本の現在及将来を一層深く且正しく認識することを冀《ねが》ふ」と『観艦式の栞』（海軍省、昭和11年10月）で結ばれている。これはあくまで建て前、なにぶんエンターテインメントの少なかった御時世である。観覧がかなった人々にとって、観艦式は何よりのイベントとして受け取られたに違いない。

観艦式

昭和5年(1930)10月26日、神戸沖で行われた大演習観艦式。中央の戦艦が恩召艦「霧島」、左の空母が「赤城」、右奥が空母「鳳翔」。

先導艦から見る観艦式の光景(御大礼観艦式)の絵葉書(着色)。(資料提供:齋藤義朗)

初期の潜水艦がデザインされた観艦式記念絵葉書。上空の航空機と海面の「ホランド」型潜水艇では時代が合わないので創作の部分があるように思われる。(資料提供:齋藤義朗)

観艦式一覧

	年月日	場所	名称	参加隻数	航空機
1	明治元年3月26日	天保山沖	軍艦叡覧(海軍天覧)	6	–
2	明治23年4月18日	神戸沖	海軍観兵式	19	–
3	明治33年4月30日	神戸沖	大演習観艦式	49	–
4	明治36年4月10日	神戸沖	大演習観艦式	61	–
5	明治38年10月23日	横浜沖	凱旋観艦式	166	–
6	明治41年11月18日	神戸沖	大演習観艦式	123	–
7	大正元年11月12日	横浜沖	大演習観艦式	115	航空機2
8	大正2年11月10日	横須賀沖	恒例観艦式	57	航空機4
9	大正4年12月4日	横浜沖	特別観艦式	124	航空機9
10	大正5年10月25日	横浜沖	恒例観艦式	84	航空機4
11	大正8年7月9日	横須賀沖	御親閲式	26	–
12	大正8年10月28日	横浜沖	大演習観艦式	111	航空機12
13	昭和2年10月30日	横浜沖	大演習観艦式	158	航空機83
14	昭和3年12月4日	横浜沖	大礼特別観艦式	186	航空機130、飛行船2
15	昭和5年10月26日	神戸沖	大演習観艦式	164	航空機72
16	昭和8年8月25日	横浜沖	大演習観艦式	159	航空機約200
17	昭和11年10月29日	阪神沖	大演習観艦式	100	航空機数百
18	昭和15年10月11日	横浜沖	紀元2600年特別観艦式	98	航空機527

艦内神社

武運長久を祈願した海軍艦艇のパワースポット

日本海軍艦船には、大小を問わず艦名と同じ**艦内神社**（奉齋所）が祀ってあった。この艦内神社は、いつごろから設置されはじめたのかはっきりしないが、海軍には艦内神社のサイズなど、設置に関する規定（「艦艇艤装規定」など）が見あたらない。乗組員による自発的慣例だったからである。

艦内神社が外部から寄贈された事例もある。戦艦「榛名」、巡洋艦「青葉」「鳥海」「三隈」「熊野」では、艦名に縁のある地元から艦内神社が寄贈されていた。「熊野」では、和歌山県国防協会から熊野神社本殿を縮小模造した艦内神社ほか神具など300円分（現在の42万5700円に相当）を受納している。また、巡洋艦「衣笠」は、建造した川崎造船からラムネ製造機、蓄音機などとあわせて「神棚」が寄贈されている（『海軍省 公文備考』）。

神社というからには祭神がある。どの艦も筆頭に伊勢神宮・天照大神《あまてらすおおみかみ》の御札を中央に納め、艦名にゆかりのある地元の神社（氏神神社）や、武神など崇拝する神社（崇敬神社）などをあわせて祀っていた。戦艦「武蔵」の武蔵神社では、伊勢神宮、氏神神社に明治神宮・氷川神社（武蔵国一ノ宮）、武人崇敬の社として東郷神社の計2神宮・2神社という豪華版だった。ただし、潜水艦など艦名から氏神神社を見出しにくい艦種では、伊勢神宮だけを分祀していた。艦内神社も艦名では呼ばず、「伊勢神社」であった。

さて、艦内神社のような祈りの空間は日本海軍だけに特別あったものではない。米海軍艦艇には**艦内教会**があり、担当の士官も配置され、現在も続いている。

多くの艦内神社が艦と運命をともにしたなか、終戦時、艦員一同の前で涙ながらに焼却処分されたり（伊号366潜）、擱座着底した艦内から、関係者の手で本社の榛名神社に無事戻された戦艦「榛名」の例もあった。太平洋戦争を生き抜き、現役を続ける希有な例としては、特務艦「宗谷」（初代南極観測船、「船の科学館」で展示中）の艦内神社が挙げられる。

海中Ⅳ型潜水艦（旧呂26～28潜）士官室の艦内神社。
昭和17年頃。（写真提供：齋藤義朗）

艦名は不明だが、艦内神社に参拝する水兵。

航空母艦「赤城」の赤城神社。（写真提供：夏川英二氏）

「宗谷」海図室にある艦内神社。（提供：船の科学館）

4-20 **軍艦旗**

「本国領土の延長」たる軍艦に掲げられた「旭日旗」

軍艦旗の使用にあたっては、掲揚する場所、時などが細かく規定されていた。また、陸軍の軍旗とは異なり、消耗品扱いであった。

軍艦旗（**旭日旗**）は、日本海軍の象徴である。国旗である日の丸（日章旗）に紅の16の光線を添えた図柄の旗で、明治22年（1889）10月7日、**海軍旗章条例**によって制定された。艦種に菊花の紋章をもつ**軍艦**（戦艦・巡洋艦・航空母艦・砲艦など）は、国際法上、本国領土の延長とみなされており、公海上、外国領域内でも外国政府の干渉を受けず、干渉された場合には兵力による拒否が認められている。外国の法権に服従する義務、納税の義務もない。軍艦旗は、実際には同じ性質をもつ軍艦以外の艦艇、特務艦艇、艦艇搭載の船舟のほか、陸上部隊、航空隊においても用いられた。

軍艦旗の掲揚場所は、後部縦帆架、後部旗竿で、航海中は常時掲げる。在泊中は「午前八時に軍艦旗掲揚楽に合せて静静と上り、楽の終りに合せて竿頭に掲げロープを固定し終る。それから日常の日課に従い自分配置にて訓練作業に従う。（略）軍艦旗降下は日没時」（元「扶桑」乗組・久留宮鑛明氏談）だった。戦闘中は、*後檣《こうしょう》中央付近の斜桁か檣頭に掲揚され戦闘旗となった。

軍艦旗は戦闘あるいは航海で汚損・破損した場合には新たな軍艦旗と交換する消耗品で、西南戦争（明治10年[1877]）で軍旗紛失の責任を痛感した乃木希典が切腹未遂したエピソードがある陸軍の軍旗とは似て非なるものである。また、軍艦上の水葬礼では、遺体を軍艦旗に包むことがたいへんな名誉とされていた。

軍艦旗は、「未成艦艇ニシテ試運転等ノ為メ航行スル場合ニハ**海軍工廠**又ハ内外国私立会社ニ於テスルヲ問ハス我軍艦旗ヲ掲揚セサル儀ト心得ヘシ」と、海軍引渡前の艦艇での掲揚はできなかった（明治45年[1912]4月30日、官房第1421号）。戦時の公試等はこの限りではない。そこで有名な戦艦「大和」の**全力公試**中の写真を見ると、なんと艦尾に軍艦旗がはためいている。竣工・引き渡しの約1か月半前である。当時の公試関係者の意向で掲揚されたらしいのだが、海軍法規に厳格な人からは大目玉を頂戴しそうな一枚である。

＊＝後部マスト

「大和」の軍艦旗と軍艦旗の規定

全力公試中の戦艦「大和」(撮影地＝高知県宿毛沖標柱間)。昭和16年(1941)10月30日。軍艦旗のない「大和」の写真は絵にならないという関係者の気持ちは、現代の我々も納得できるだろう。ちなみに「大和」の竣工は太平洋戦争開戦8日後の12月16日であった。

軍艦旗のデザインと寸法の規定。呉鎮守府が制作していた艦旗は縦90センチ×横135センチで市民向け頒布価格は6円50銭だった(昭和12年4月1日現在)。(資料提供:齋藤義朗)

軍艦旗掲揚

戦艦「陸奥」における軍艦旗掲揚の様子。昭和2年(1927)10月中旬、横須賀沖での撮影。

4-21 日本海軍の航空機の分類

艦上機･陸上機･水上機に大別される

当初は水上機から始まった海軍機の歴史。空母の登場に伴って艦上機が登場、一方で陸上機も整備されていき、次第に役割に応じて細分化されていく。

海軍機は**艦上機**・**陸上機**・**水上機**に大別される。いずれも海上での活動が主体となるため、不時着時にすぐに沈まない工夫が凝らされていたのが大きな特徴である。当初はフロートを備えた水上機が主体であったが、大正11年（1922）に竣工した空母「**鳳翔**」の建造に合わせて**艦上戦闘機（艦戦）**、艦上雷撃機（のちの**艦上攻撃機＝艦攻**）、**艦上偵察機（艦偵）**が開発された。限られたスペースで離着艦するために、艦上機は通常の陸上機よりも短距離での発艦や着艦フックの装備、塩害対策が必要など多くの制約があった。当初は艦偵が敵艦隊の捕捉と接触、艦戦は戦場での制空権確保、艦攻は敵主力艦に対する攻撃が主体であった。

昭和5年（1930）に**ロンドン軍縮条約**が締結されると、空母も積極的に進出し、敵艦隊に付属する空母を先に撃破しようという機動部隊構想が生まれた。敵空母の活動を封じるためにもっとも効果的なのが飛行甲板の破壊であり、そのための急降下爆撃機として**艦上爆撃機（艦爆）**が開発された。同時に、陸上基地から長距離飛行可能な**陸上攻撃機（陸攻）**の運用も模索し、陸上基地防空用に邀撃戦闘機（**局地戦闘機＝局戦**）の開発も行われるようになった。

水上機は主に偵察機として使用されたが、カタパルトの開発により巡洋艦以上の艦船での運用が可能になり、長時間飛行の可能な三座水偵は巡洋艦に搭載されて偵察、接敵任務を主に行うものとされた。戦艦には複座で敵戦闘機にも対抗可能な空戦能力を持つ**観測機**が搭載され、着弾観測を行う。しかし、日本海軍は水上機にも攻撃力を持たせようと考えており、最終的に急降下爆撃可能な水上偵察機「**瑞雲**」を完成させた。**飛行艇**は長距離哨戒任務だけではなく、敵泊地への直接攻撃も視野に入れられており、魚雷の搭載や中継地点での燃料補給のため、専用の潜水艦の開発も行っている。また、飛行艇の前身基地防衛用の邀撃戦闘機として**水上戦闘機（水戦）**の開発も行われた。

海軍機の種類

区分	種別	特徴	主な機体
艦上機	艦上戦闘機	艦攻・艦爆の護衛、艦隊の上空直掩が主な任務。航続距離の長大な零戦は基地航空隊で陸上攻撃機の護衛も行い、太平洋戦争末期には爆弾を搭載した戦闘爆撃機、体当たり用の特攻機としても使われた。	一〇式艦戦、三式艦戦、九〇式艦戦、九五式艦戦、零戦、「烈風」「烈風改」（両機種とも開発のみ）
	艦上攻撃機	雷撃と水平爆撃の両方の用途に使われる。艦爆とともに敵艦隊の攻撃が任務。	八九式艦攻、九二式艦攻、九六式艦攻、九七式艦攻、「天山」
	艦上爆撃機	敵空母の飛行甲板を破壊するための急降下爆撃機として開発。	九四式軽艦爆機、九六式艦爆、九九式艦爆、「彗星」
	艦上偵察機	哨戒や索敵が主な任務。艦隊作戦の場合、戦艦・巡洋艦に搭載される水上偵察機と併用して使われることが多い。	一〇式艦上偵察機、二式艦上偵察機「彩雲」（夜間戦闘機としても使用）
陸上機	陸上攻撃機	漸減作戦用に開発された双発爆撃機で、日中戦争では渡洋爆撃を行い、太平洋戦争では艦隊攻撃・敵地の爆撃に使用され、一式陸攻は特攻機「桜花」の母機になった。	九三式陸攻、九五式陸攻、九六式陸攻、一式陸攻、「連山」（試作のみ）
	陸上爆撃機	一式陸攻を高性能化した機体で急降下爆撃も可能。太平洋戦争では艦隊攻撃・特攻機などに使用された。	「銀河」
	局地戦闘機	陸上基地防空用の戦闘機。太平洋戦争末期に日本本土防空戦で活躍。	「雷電」「紫電」「紫電改」、試作機／「天雷」「震電」「秋水」「橘花」
	夜間戦闘機	防空用双発戦闘機「月光」を夜間戦闘に転用したもの。太平洋戦闘末期には本土防空用で活躍した。	「月光」
	陸上偵察機	搭乗員は2～3名。艦上偵察機を陸上基地用として運用する場合もあった。	二式陸上偵察機、九八式陸上偵察機
	特攻機	特攻専用に開発された機体。実戦に投入されたのは「桜花」のみ。	「桜花」（ロケット機）、「藤花」（陸軍の「剣」の海軍版で実戦では未使用）。
水上機	水上戦闘機	水上機基地防空用。	二式水戦、「強風」
	水上偵察機	戦艦・巡洋艦の水上艦搭載用と潜水艦搭載用に加えて水上基地での運用もある。偵察、哨戒、捜索、連絡、また時には爆撃など幅広い任務に使用された。	九四式水偵、零式水偵、「瑞雲」「紫雲」、零式小型水偵
	飛行艇	偵察・哨戒・雷撃・爆撃などの多用途機。最大で8000キロ（二式飛行艇二二型の場合）を越える長大な航続距離が特徴。	九七式飛行艇、二式飛行艇
	水上観測機	戦艦の主砲の着弾観測などに使用。	零式水上観測機
	特殊攻撃機	特潜型（伊400型）、甲型改2（伊13型）潜水艦の搭載用に開発されたいわば水上攻撃機。爆弾を搭載して泊地を攻撃し、最終的には体当たり攻撃が予定されていた。	「晴嵐」

4-22 艦上機の役割と変遷①

複葉機時代の海軍艦上機

空母に搭載する艦上機の開発は、当初はイギリスからの輸入機の研究から始まった。また、当初は艦上攻撃機に偵察機の役割を担わせていた。

日本海軍では空母の竣工当初から艦上機を攻撃兵器として捉えており、そのため第一次大戦直後に英国製艦上戦闘機と並んでソッピース「カックー」雷撃機、ブラックバーン「スイフト」艦上雷撃機を輸入して研究を行っている。そして、初めての航空母艦「**鳳翔**」の完成に合わせ、**一〇式艦上戦闘機**（艦戦）、**十年式艦上雷撃機**（のちの艦攻）、**一〇式艦上偵察機**（艦偵）が採用された。結局、十年式艦上雷撃機は採用されたものの失敗作と判定され、一〇式艦偵を三座から二座に改良した**一三式艦攻**が改めて採用されて昭和初期まで使用されることとなった。また、二座の一三式艦攻を偵察機としても使える三座とし、艦攻を偵察機として使うことが定着した。さらに、大型空母「**赤城**」用に双発艦攻も試作されたが、さすがに大型化しすぎたために、九三式陸上攻撃機（陸攻）として採用されることになる。この後、艦攻は全金属製による高性能化を目指し、**八九式艦攻**、**九二式艦攻**、**九六式艦攻**を採用した。

一方、戦闘機は一〇式艦戦が長く使われたが、大正 15 年（1926）に中島、三菱、愛知の 3 社によって新型機の競争試試作が実施され、英グロスター社の「ゲームコック」戦闘機を日本向けに艦上機化した中島の機体が**三式艦戦**として昭和 3 年（1928）に採用された。次の新型機は全金属製を目指し、昭和 7 年に再び三菱、中島による競争試作（七試艦戦）が行われたが、のちに零戦を生み出す三菱の堀越技師の処女作である機体は失敗に終わった。中島の提出機も陸軍の九一式戦を海軍向けにしたものだったために採用されず、米ボーイング F4B を模倣した中島機が**九〇式艦戦**として採用、さらに、これを改良した**九五式艦戦**が昭和 11 年（1936）に採用されているが、これは三菱で堀越技師が開発中の低翼単葉全金属製機の九試戦闘機（のちの**九六式艦戦**）のバックアップ機となった。

艦上機の変遷①

大正12年(1923)頃〜昭和12年(1937)頃

●**輸入機の時代(大正10年頃)**
ソッピース「カックー」雷撃機、
ブラックバーン「スイフト」艦上雷撃機

→

●**初の空母「鳳翔」の完成**
一〇式艦戦

十年式艦上雷撃機
一〇式艦上攻撃機

三式二号艦戦

→ **三式艦戦** — **七試艦戦(失敗)** →

九〇式艦戦

●**全金属製による高性能化**
九〇式艦戦

→

九五式艦戦

一三式艦攻

→ **一三式艦攻** →

十年式艦上雷撃機が失敗作だったために改良して採用。

九六式艦攻

●**全金属製による高性能化**
八九式艦攻
九二式艦攻
九六式艦攻

昭和12年(1937)5月11日、土佐・宿毛湾で行われた演習中に撮影された空母「加賀」の艦上の様子。手前の3機が九〇式艦上戦闘機、その後ろに九四式艦上爆撃機、八九式艦上攻撃機が続く。(資料提供:大和ミュージアム)

零戦・九七式艦攻・九九式艦爆のトリオを主力に太平洋戦争に突入

空母の発達とともに艦爆が登場する。その後、日本の艦上機は急速に発展を遂げ、開戦時には零戦、九七式艦攻、九九式艦爆のトリオが主力の座にあった。

世界的な空母の発達により、海戦における制空権の確保が重要となった。制空権の確保には敵戦闘機の活動を封じる必要があるが、そのために先んじて敵空母の飛行甲板を使用不能にするため、急降下爆撃機の必要性が叫ばれ、日本海軍では昭和4年（1929）頃から戦闘機による降下爆撃実験が実施されていた。その結果、昭和9年に愛知**九四式艦上軽爆撃機**を、同11年には発展型の**九六式艦上爆撃機**（艦爆）を完成させた。

一方艦戦については、性能向上のために艦上機としての制約を取り去り、陸上戦闘機として開発が続行された九試艦戦が高性能を発揮し、艦上機化にも成功して**九六式艦戦**として完成。さらにその性能を大幅に向上させ、引き込み脚とした**零式艦戦（零戦）**が昭和15年（1940）に登場。以後、マイナーチェンジを重ねながら海軍の主力戦闘機として活躍することとなる。零戦の活躍の秘密は、その卓越した運動性や攻撃力だけではなく、3500キロにも及ぶ航続力にあった。艦攻も全金属製単葉引込み脚の中島**九七式艦攻**、艦爆は固定脚ながらやはり全金属製単葉の愛知**九九式艦爆**が採用され、この3機種が日米開戦時の主力艦上機であった。また、艦爆、艦攻に関しては後継機の開発も早く、愛知**「彗星」艦爆**は昭和18年、中島**「天山」艦攻**は同19年、艦爆と艦攻の任務を兼務できる愛知**「流星」**は20年に実用化された。

また、対空母戦術を煎じ詰めていくと昭和14年頃から強行偵察のための高速偵察機の必要性が生まれ、開戦後に開発が始まった高速長距離偵察機**「彩雲」**が19年に実用化されるまでのつなぎとして試作中の「彗星」艦爆を偵察機化した**二式艦偵**が採用された。

零戦の後継機、**「烈風」艦戦**は、**「雷電」局地戦闘機**（局戦）の開発が優先されたことと、エンジン選定の失敗から終戦近くにようやく実用化の目処が立ったが、すでに運用する空母はなく、陸上機戦闘機として開発が進められていた。

零戦の構造

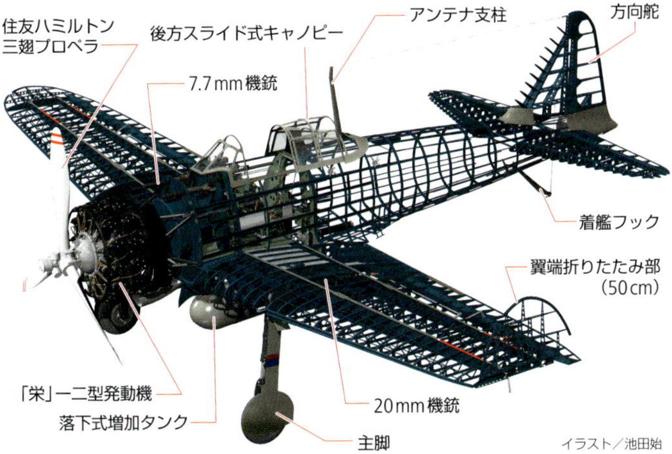

イラスト／池田始

艦上機の変遷②(日中戦争から太平洋戦争終結まで)

艦上戦闘機
九試艦戦 → 九六式艦戦 ― 一二試艦戦 → 零式艦戦 二一型 → 零式艦戦 二二型～六三型 ― 一七試艦戦 → 烈風・烈風改

艦上爆撃機
九四式艦上軽爆撃機 → 九六式艦爆 → 九九式艦爆 → 彗星 →
流星 →

艦上攻撃機
九六式艦攻 → 九七式艦攻 → 天山 →

艦上偵察機
一三式艦攻を偵察任務に使用 → 九七式艦攻を偵察任務に使用 → 二式艦偵 → 彩雲 →

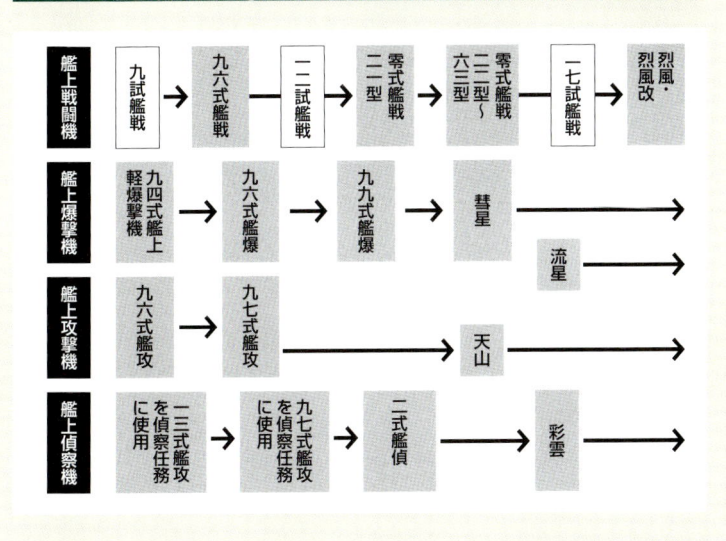

複座の短距離水偵と三座の長距離水偵として発展

仏独の輸入機から始まった日本海軍水上機の歴史。当初は、戦艦や巡洋艦搭載の複座の短距離偵察機と、基地から運用する三座の水上偵察機として発展した。

日本海軍が初期に運用した水上機は、明治45年（1912）に輸入したフランスのモーリス「**ファルマン**」など数機種あり、大正3年（1914）の青島攻略戦では航空機運送艦「**若宮**」を改造した母艦から活動を行っている。大正7年には国産の横廠式ロ号甲型（**横廠式水上偵察機**＝水偵）が採用されて200機以上が量産されたほか、大正11年にはドイツ製の**「ハンザ」水上偵察機**が採用されて180機ほど国内生産されている。

大正末期になると、水上機の任務の細分化が始まり、戦艦や巡洋艦に搭載する短距離偵察機は複座、基地から運用する長距離偵察機は三座として開発が進められることになった。同時に艦載機用の射出機（カタパルト）の開発も同時に進められ、複座機には射出機による運用能力が求められた。

この結果、九〇式一号〜三号と呼ばれる3形式の水偵が登場したがすべて違う機体である。九〇式一号は愛知が輸入した複座の独ハインケルHD56で、採用されたものの少数機生産に終わった。九〇式二号は一型が中島の自主設計、二型が米ボート「コルセア」を模倣した複座水偵で、二型から量産されている。また、三型は二型を艦上機化したもので、のちに**九〇式艦偵**と呼称が改められた。九〇式三号は横須賀工廠製の長距離三座機である一四式水偵の改良型だったが量産には至っていない。このうちの九〇式二号水偵をさらに進化させたものが**九五式水偵**で、戦艦搭載用の着弾観測機として量産された。

長距離用三座水偵は昭和7年（1932）に愛知と川西で競争試作が行なわれて、川西の**九四式水偵**が採用され、偵察用巡洋艦に搭載可能となった。また、**ロンドン軍縮条約**後の決戦ドクトリンである**漸減作戦**において、**艦隊決戦**前夜の戦いのために、夜間接敵用として巡洋艦搭載の夜間偵察機も数機が試作され、採用されたものもあったが量産には至らず、昭和9年に制式化された九四式水偵にその座を譲っている。

初期の水上機

イラスト／野原茂

フランス製のモーリス「ファルマン」1912年式水上機。1組のフロートを持ち、操縦席後方に70馬力のルノー空冷エンジンとプロペラを搭載。最大速度85km/h。ふたまわりほど大きな1914年式とともに青島攻略戦に参加した当機は、偵察や爆弾投下を敢行した。

九〇式二号水上偵察機

九四式水上偵察機

水上機の変遷①

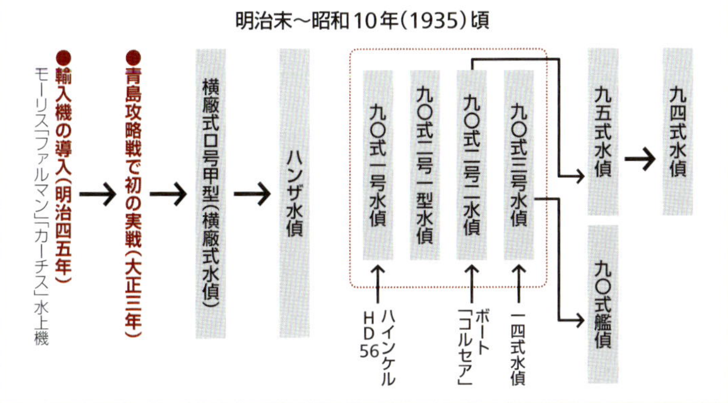

4-25 水上機の役割と変遷②

太平洋戦争期の水上機

日本海軍は水上機をさまざまな用途に用いようとした。そのため数多くのバリエーションが生まれ、潜水艦搭載型の小型水偵まで登場している。

日米開戦時、海軍の水上機は九五式水偵の流れをくむ複座の三菱**零式水上観測機**（水観）と、九四式水偵の流れをくむ三座の愛知**零式水上偵察機**の2種類に集約されていた。零式水観は決戦場での弾着観測という任務上、敵戦闘機との戦闘を考慮して空戦能力にも優れ、小型爆弾による軽攻撃も可能で、700機以上が生産されている。水観の戦闘力を強化し、水偵の爆撃能力を持ち、急降下爆撃も可能にしたのが**「瑞雲」水偵**で、昭和19年（1944）のフィリピン戦で活躍している。一方、零式水偵は9時間以上という滞空能力により、戦艦・巡洋艦や水上機基地からの偵察だけではなく哨戒、捜索、連絡など幅広い任務に使用され1400機以上が生産された。また、戦前に企図された潜水戦隊旗艦巡洋艦「**大淀**」用の高速水偵として、**「紫雲」水偵**が計画されたが、完成時には「大淀」の任務変更により、少数機が運用されたに過ぎない。

一方、潜水艦搭載の小型水偵も大正時代から開発が進められ、潜水艦上のカプセルに収納する**九六式小型水偵**を経て、射出機を備えた潜水艦から短時間で発進できる**零式小型水偵**の完成を見た。さらに、潜水空母ともいうべき潜特型・甲型改2に搭載用の**「晴嵐」**特殊攻撃機も完成している。

さらに海軍では飛行艇も攻撃兵器として位置づけており、広工廠と川西を中心に大型飛行艇の開発が進められ、日米開戦時には四発の**九七式飛行艇**を、開戦直後に航続時間24時間を超える**二式飛行艇**を完成させた。両機とも魚雷2発を搭載し、敵泊地に侵入して滑走雷撃が可能なうえ、哨戒機や編隊誘導機など多彩な任務をこなすことができた。この飛行艇の水上機基地の防空を担うのが**水上戦闘機（水戦）**で、昭和15年に十五試水上戦闘機として開発が始まった**「強風」水戦**は完成が日米開戦に間に合わないと見られたため、急遽、零戦を水上機化した**二式水戦**が戦列化された。また、「強風」は開戦と同時に陸上戦闘機化が計画され、**「紫電」局戦**へと発展していく。

日本海軍の主な水上機

二式飛行艇は、当時としては世界トップクラスの性能を誇る大型飛行艇だった。日米開戦まもない昭和17年（1942）3月にはその長大な航続力を生かして、真珠湾への空襲を行っている。写真は現在、海上自衛隊、鹿屋航空基地に展示されている現存する唯一の機体で、以前は東京の「船の科学館」に展示されていたもの。

零式水上観測機

零式水上偵察機

「強風」水上戦闘機

水上機の変遷②

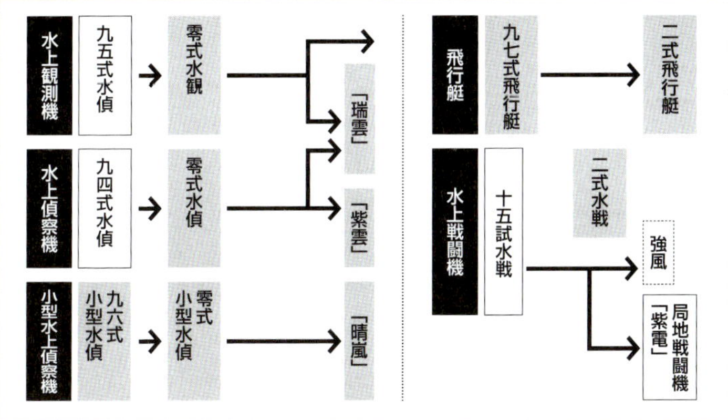

米艦隊を迎え撃つ陸上攻撃機の系譜

ロンドン条約後、戦力劣勢を補うべく、南洋諸島を基地とする長距離陸上攻撃機の開発が始まる。こうして「陸攻」が誕生する。その系譜をたどる。

昭和5年（1930）の**ロンドン軍縮条約**により巡洋艦、潜水艦、駆逐艦の保有制限を加えられた海軍は、委任統治下にあった南洋諸島を陸上基地とし、**漸減作戦**と**艦隊決戦**時に西進する米艦隊を迎え撃つ長距離陸上攻撃機の開発に乗り出すこととなった。飛行艇は荒天時には活動できないが、陸上機であればそのハンデはないとも考えられたからだ。

まず完成したのは広工廠が製作した、巨大な双発単葉固定脚の機体、**九五式陸攻**だが、雷撃はできず、性能も満足できるものではなかった。

九五式陸攻に一歩遅れて昭和9年に開発が始まった三菱の**九六式陸攻**は、当時の最先端の航空技術である全金属化、単葉引込み脚などを実現し、当初は高

一式陸攻の構造

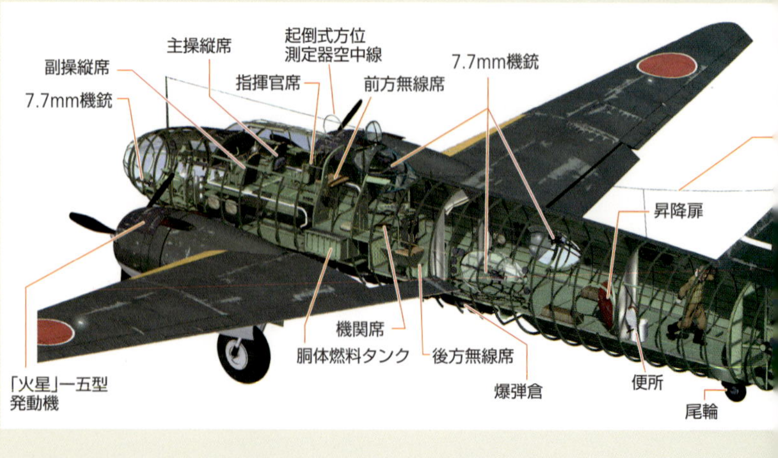

速偵察機としても使用された優秀機であった。折しも昭和 12 年に始まった日中戦争に海軍も陸攻と艦戦を派遣し、空母だけではなく陸上基地からも活動を行ったことは、海軍航空隊が空軍へと変質する兆しとも思われた。

この陸上基地を守るため、拠点防空用の局地戦闘機構想が生まれることにもなる。また、九五式陸攻が「**大攻**」と呼ばれたのに対し、コンパクトなサイズの九六式式陸攻は「**中攻**」と呼ばれ、以後、陸攻を中攻と呼ぶようになった。

九六式陸攻の後継は同じく三菱の**一式陸攻**であり、日米開戦時の主力陸攻としてマイナーチェンジを繰り返しつつ終戦まで生産が続けられている。零戦と並んで、太平洋戦争で日本海軍を象徴する機体といっていいだろう。

この一式陸攻をさらに高性能化したのが**「銀河」陸上爆撃機**（陸爆）である。急降下爆撃が可能なため、攻撃機ではなく爆撃機とされた。搭乗員は 3 名であり、一式陸攻の 7 名と比べると半数以下であるが、副操縦士がいないなど、実戦面では不都合も多かったという。

一方、本格的な大型陸攻の開発も各社で進められたが、四発機の中島**「連山」陸攻**が終戦間際に完成にこぎ着けただけに終わっている。

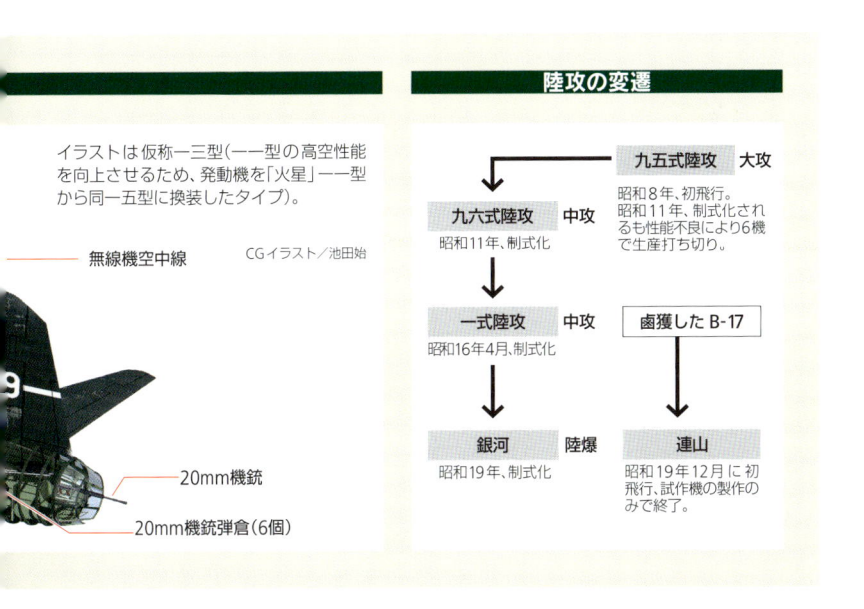

イラストは仮称一三型(一一型の高空性能を向上させるため、発動機を「火星」一一型から同一五型に換装したタイプ)。

CGイラスト／池田始

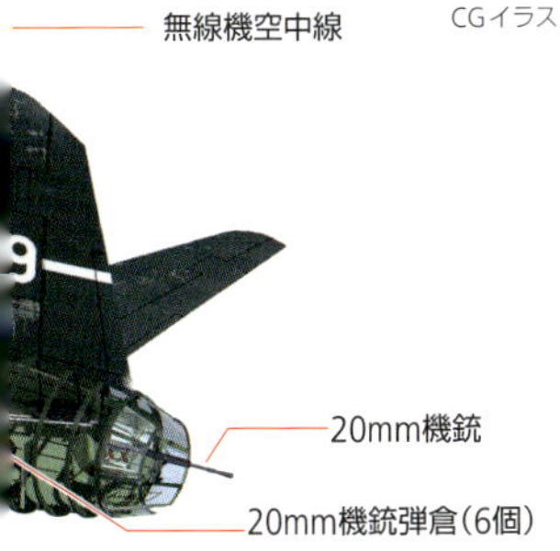

陸攻の変遷

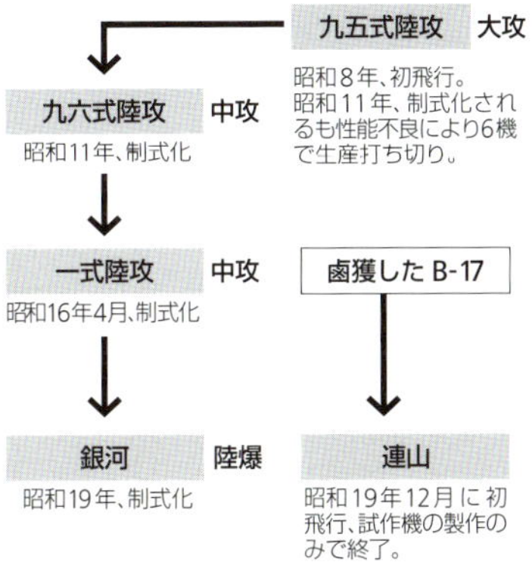

陸偵、夜戦、局地戦闘機、ロケット戦闘機、ジェット戦闘機

陸上機には陸攻以外にはどのような機体があったのか。ここでは日中戦争以降に登場した、局地戦闘機を始めとするさまざまな陸上機を紹介する。

日中戦争勃発当初、中国戦線に出動した中攻隊の被害が大きいことから、その護衛用として中島に、当時の世界の趨勢であった双発高速遠距離戦闘機、一二試双発陸上戦闘機（陸戦）の開発指示が出された。零戦と同様のエンジンを 2 基搭載したが、結局、運動性の低さから戦闘機としてはものにならず、**二式陸上偵察機**（陸偵）として採用された。零戦の航続距離が長いために双発戦闘機は不要になっていたが、当時の海軍では陸軍の九七式司令部偵察機（司偵）を**九八式陸偵**として採用し、さらに百式司偵を借り受けている立場から、自前の陸偵が必要だったのである。また、前線のラバウル基地では深夜来襲する米重爆撃機を斜め銃を搭載した二式陸上偵察機が撃退したことから、これを**「月光」夜間戦闘機**（夜戦）として新たに運用することになった。本格的な戦略爆撃機 B-29 の情報がもたらされると、夜間戦闘機の重要性が認識され愛知の試製「電光」夜戦などが試作されている。

陸攻を護衛する陸上戦闘機とは別に、基地の防空のために使われる邀撃機を**局地戦闘機（局戦）**と呼んだ。まずは三菱にのちの「**雷電**」の試作を指示したが、日米開戦直後に同じ性格の川西「強風」水戦に脚を取り付けた「**紫電**」への改造が始まった。プロペラ延長軸などのトラブルに悩まされた「雷電」に対して、「紫電」は昭和 18 年（1943）に戦列化されたが、依然としてトラブルが多発したため、大幅に設計を改めたのが「**紫電改**」で、昭和 19 年後半から前線に配備されて活躍している。そのほか、B-29 に対抗するため、中島「**天雷**」、九州「**震電**」、ロケット戦闘機「**秋水**」など数多くの試作が行われた。零戦の後継機として開発された**「烈風」艦戦**も「**烈風改**」として高高度用陸上戦闘機として開発が続行されている。また、ジェット攻撃機として「**橘花**」が試作されたが、量産開始後は戦闘機型の生産も予定されていたがその実現の前に終戦を迎えた。

日本海軍の主な陸上機（陸攻以外）

「月光」の斜め銃（20ミリ機銃）はおよそ30度の角度で、上方もしくは下方に取り付けられていた。ラバウルでの戦果により夜間戦闘機となった「月光」は、本土防空戦でも厚木基地に配備され、B-29の迎撃に活躍した。イラストはB-29の下部後方から接近して斜め銃で攻撃する「月光」を描いたもの。

オハイオ州デイトンの米空軍博物館に保存されている紫電二一型式（紫電改）。

昔の復元機を多数補修しているカリフォルニア州チノの航空博物館（Planes of fame）にある雷電二一型。局地戦闘機として大きく期待されたが、機体設計やエンジン出力などの問題に悩まされ、十分に性能を発揮できなかった。

局地戦闘機の変遷

強風（水戦）
↓
紫電
昭和18年、制式化
↓
紫電改
昭和20年、制式化
↓

雷電
昭和18年、制式化
↓

大戦末期の試作機
「天雷」「震電」「秋水」「烈風改」

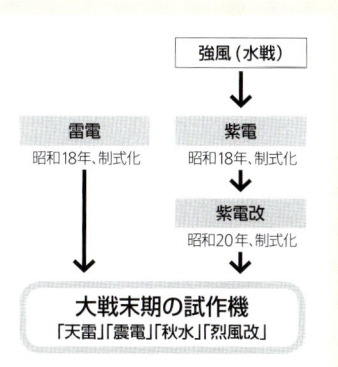

「回天」「震洋」「桜花」…
特攻を担った兵器群

太平洋戦争後期、海軍の作戦は特攻一色となり、そのための兵器が次々と開発され、一部は実戦に投入されつつ、本土決戦に向けて増産が続けられた。

人間を兵器の誘導装置として使う特攻兵器の開発は、陸軍よりも海軍が先に着手していた。その第一弾が人間魚雷「**回天**」で、現地部隊の将校の発案といわれ、昭和18年（1943）より上層部の許可を得て開発が始まっている。

特攻兵器が体系的に開発されるのは昭和19年3月からで、決戦と呼号された**「あ号」作戦**以前のことだった。海軍は戦争の帰趨が判明しないうちに、特攻兵器計画をスタートさせていたのだ。こうして実現したのは、潜航艇（「**蛟《こう》龍**」）、可潜魚雷艇（「**海龍**」）、船外機付き衝撃艇（「**震洋**」）、人間魚雷（前述の「回天」）である。「あ号」作戦に敗れたのちは、海軍は全軍を挙げて特攻兵器の整備に全力を尽くすようになった。そのなかで産まれたのが空中特攻兵器の「**桜《おう》花《か》**」であり、ジェット攻撃機の「**橘花**」も実質的な特攻機であった。

実際の特攻は在来機による空中特攻が**「捷号」作戦**（フィリピン攻防戦）で実行され、以後、沖縄戦では練習機まで投入されて米軍から「カミカゼ」として恐れられているが、在来機にも限りがあり、簡易製造可能な特攻専用兵器の早期投入が望まれた。中でも開発時期の早かった「回天」は昭和19年11月に米海軍の根拠地となったウルシー泊地攻撃以降、出撃を重ねたが、米軍の対潜攻撃部隊に制圧される場面が多く、大きな戦果は挙げていない。

構造が簡易なため開発が容易だった「桜花」は、当初フィリピン戦に投入される予定であったが、輸送に使用された空母「**信濃**」「**雲龍**」が相次いで撃沈され、沖縄戦からの投入となった。しかし、母機の**一式陸攻**が「桜花」発進前に撃墜されることが多く、駆逐艦1隻の撃沈にとどまっている。

「震洋」も構造が簡易なために6000隻以上が生産されたが、主に本土決戦用として温存されたため、一部が沖縄に派遣されたものの敵襲により出撃できないまま壊滅し、戦果を挙げていない。同様に「蛟龍」、「海龍」も本土決戦用として量産されたものの、実戦に投入されないまま終戦を迎えた。

水中・水上・航空特攻兵器

1「回天」(ワシントン海軍工廠)。2昭和20年春、沖縄で鹵獲された「桜花」。3江田島の海上自衛隊第一術科学校に展示されている「海龍」。4終戦後、米軍によって試験航行中の「震洋」。5終戦直前、初の試験飛行時の「橘花」。

日本海軍特攻兵器一覧

区別	名称	特徴
水中特攻兵器	回天(人間魚雷)	推進機関に九三式三型魚雷を流用し、約1.5トンの弾頭を搭載。昭和19年(1944)11月から泊地攻撃に投入されたが、敵の警戒が厳重になり、その後は洋上作戦に切り替えられた。
	蛟龍(特殊潜航艇甲標的丁型)	特殊潜航艇甲標的を大型化し航続距離も延伸した発展型。本土決戦用に終戦まで量産されていた。
	海龍(有翼特殊潜航艇)	本土決戦用の特殊潜航艇で、航空機用の操縦装置を流用し大型の両翼で水中を自在に上昇下降できる。敵船団攻撃を目的とし、終戦までに200隻程度が生産されていた。
	伏龍	潜水具を着用した隊員が棒の先に取り付けられた機雷で敵の上陸用舟艇を突いて破壊する。本土決戦用の特攻兵器で、国内各地に部隊が配備され、終戦まで訓練が行われていた。
航空特攻兵器	桜花(ロケット爆弾)	母機(一式陸攻)に吊下して陸上基地から沖縄近海の米艦隊近くまで飛んで発射し、乗員が操縦して体当たりする人間爆弾。弾頭重量1.2トン。昭和20年3月から実戦投入されるも、戦果はほとんどなし。
	橘花(ジェット機)	ドイツのメッサーシュミットMe262の設計図を元に造られたジェット機。昭和20年8月7日にテスト飛行成功。局地戦闘機として開発されたが、実質的に特攻機として使われる予定だった。
	藤花	本土決戦用の特攻機。戦争末期の資材不足に対応して、機体の大部分が木製で、機銃もない体当たり専用機である。藤花は海軍の名称で、陸軍では「剣」と呼んだ。生産のみで実戦には使われていない。
水上特攻兵器	震洋	船首に250キロ炸薬を搭載したベニヤ板製モーターボート。敵の攻撃に反撃するためロケット弾もしくは機銃を搭載。フィリピン戦と沖縄戦に一部投入されたが、大部分は本土決戦用に部隊が練成していた。陸軍でも同様の兵器を開発、マルレと呼んだ。

日本海軍機の機体の名称

どのようなルールでネーミングされたか

飛行機の導入当初の大正6年（1917）、海軍では飛行機の名称をイ、ロ、ハと輸入順に定めたが、すぐに限界になるのは明らかだったため、翌年に「イ号」は練習機、「ロ号」は偵察機などと改めた。大正10年に国産艦上機が導入されたときに、「十年式○○機」という採用年（元号）を用いた命名法を採用、昭和2年（1927）に「一〇式」等と表記を変更した。そのため、十年式の艦戦、艦偵、十三年式艦攻はそれぞれ一〇式、一三式となった。昭和4年（皇紀2589）には大正と昭和の年式の混同を避けるため、制式採用年（皇紀）の末尾2桁が使われることとなり、八九式艦攻から実施されている。以後、この方式を用いたが、皇紀2600年採用の機体は零式《れいしき》と表記し、陸軍が百式と表記したのとは異なっている。

昭和18年（1943＝皇紀2603）8月、新たな機体表記として成語（「月光」など）による固有名称が採用されたため、海軍の制式機名には三式は存在しない。また、サブタイプは一一型など2桁とされ、一一型から始まり、機体の変更は二桁目、エンジンの変更は一桁目に反映された。つまり、零戦五二型は機体の変更を5度、エンジンの変更は2度行ったこととなる。さらに、武装の変化によって甲、乙、丙などの記号を付加した。また、海軍機は制式名称とは別に記号による機種とメーカー、サブタイプの分類が行われている。A6M5aの場合、A6は艦上戦闘機としては6番目の機体で、Mはメーカーの三菱を、5は5度目の改造を、aは武装などの装備の違いを表した。つまり、A6M5aは零式艦上戦闘機五二型甲を表すことになる。

機体の命名基準　**戦闘機**＝甲戦（艦戦・水戦）：下に風が付くもの「強風」・「烈風」、乙戦（単発機）：下に電の付くもの「雷電」・「震電」、丙戦（夜間戦闘機）：下に光が付くもの：「月光」・「電光」／**偵察機**＝下に雲の付くもの「彩雲」・「瑞雲」／**攻撃機**＝下に山の付くもの「天山」・「連山」／**爆撃機（単発機）**＝下に星の付くもの「流星」・「惑星」／**双発機以上**＝星座などの天象「銀河」・「北斗」／**哨戒機・陸上機**＝下に海の付くもの「東海」・「西海」／**水上機**＝下に洋のつくもの「白洋」・「大洋」／**輸送機**＝下に空の付くもの「蒼空」・「晴空」／**練習機**＝草木「紅葉」・「白菊」

略符号による機種区分　**A**＝艦上戦闘機、**B**＝艦上攻撃機、**C**＝艦上偵察機、**D**＝艦上爆撃機、**E**＝水上偵察機、**F**＝水上観測機、**G**＝陸上攻撃機、**H**＝飛行艇、**J**＝陸上戦闘機、**K**＝練習機、**L**＝輸送機、**M**＝特殊機、**N**＝水上戦闘機、**P**＝陸上爆撃機、**Q**＝哨戒機、**R**＝陸上偵察機、**S**＝夜間戦闘機、**MX**＝特殊機

略符号による飛行機メーカー　**A**＝愛知、**G**＝日立（瓦斯電）、**H**＝広海軍工廠、**I**＝石川島、**J**＝日本小型飛行機、**K**＝川西、**M**＝三菱、**N**＝中島、**P**＝日本飛行機、**S**＝佐世保海軍工廠、**S**＝昭和飛行機、**W**＝渡辺（九州）、**Y**＝横須賀海軍工廠（空技廠）、**Z**＝美津濃

第五章

兵器と装備② 開発と生産

日本海軍の兵器の開発と生産はどの部局が担当し、
どのように計画され、実際の生産はどう行われたのか。

海軍工廠・工作部

外地や占領地にも置かれた海軍の“工場”

呉、横須賀、佐世保、舞鶴の4つの海軍工廠はそれぞれ異なる役割を持っていた。のちに新たな海軍工廠や工作部が内外に多数設置されていった。

海軍工廠は、艦船だけに限らず、兵器、機関などの製造や修理、購入、実験、さらに工員の養成などにあたっていた。ただし、航空兵器については、通常は**海軍航空廠**（のちの**航空技術廠**）で開発、製造が行われ、海軍大臣が特に指定するもののみを海軍工廠で扱った。このうち、海軍の主要艦艇の建造や修理について主導したのが４つの軍港地に置かれた海軍工廠である。**海軍艦政本部**（艦本）の指示で、建造する艦種について分担があり、各期軍備計画の同型艦の第一艦はこれら４つのうちいずれかで建造することが原則となっていた（次頁下表）。設計図調整や作業計画工数の統計、使用する補機材料金物の統制、戦時急造での諸資料整備と関連の各種研究などもこれらの工廠で行われ、一般的共通事項は主として**呉工廠**が担当し、航空母艦については**横須賀工廠**のほか特例的に民間の川崎造船所に割り当てることがあった。**佐世保工廠**は軍需物資補給基地でもあったため、艦種割当てが軽減されていた。第二艦以降については他の工廠あるいは民間造船所で建造する方針を採っていた。

海軍工廠は海沿いの４工廠だけではない。大正 12 年（1923）に造機と航空機（飛行艇）を中心とする呉工廠広支廠が**広工廠**として分離独立したのをはじめ、軍縮条約が失効した昭和 12 年（1937）以降、多くの海軍工廠が軍港地以外に設置され、艦艇や兵器、機関に関連する造機、造兵分野の造修を行った。

また、大湊（青森県）、鎮海（韓国）、旅順（中国）、馬公（台湾）、高雄（台湾）などには工廠の規模を小さくした**海軍工作部**があり、昭和 12 年以降、占領地や前線にも多くの**外地工作部**が設けられた。上海（第 1）、香港（第 2）、トラック（第 4）、パラオ（第 30）、ラバウル（第 8）、昭南（第 101、シンガポール）、スラバヤ（第 102）、キャビテ（第 103、フィリピン・ルソン島）などである。これら外地工作部は、各方面艦隊に属していたが、それぞれに親工廠が設定され、工員派遣や資材提供等を受けていた。

海軍工廠と海軍工作部

海軍工廠一覧(昭和20年当時)

	工廠名	所在地	開庁日	主要造修部
横須賀鎮守府	横須賀海軍工廠	神奈川県横須賀市	明治36年11月10日	造兵・造船・造機・潜水艦・光学実験・機雷実験・航海実験・電池実験・機関実験
	多賀城海軍工廠	宮城県多賀城市	昭和18年10月1日	機銃・火工
	相模海軍工廠	神奈川県高座郡寒川町	昭和18年5月1日	第一火工・第二火工・化学実験
	高座海軍工廠	神奈川県座間市、海老名市	昭和19年4月1日	飛行機
	沼津海軍工廠	静岡県沼津市	昭和19年4月1日	航空無線・無線
	豊川海軍工廠	愛知県豊川市	昭和14年12月15日	指揮兵器・機銃・光学・火工・機材
	鈴鹿海軍工廠	三重県鈴鹿市	昭和18年6月1日	機銃・火工
	津梅海軍工廠	三重県津市	昭和18年6月1日	発動機・推進機(プロペラ)
呉鎮守府	呉海軍工廠	広島県呉市	明治36年11月10日	砲熕・火工・水雷・電気・造船・製鋼・潜水艦・砲熕実験・魚雷実験・電気実験・造船実験・製鋼実験
	広海軍工廠	広島県呉市広	大正12年4月1日	航空機・造機・素材・機械実験・工作機実験・鋳物実験
	光海軍工廠	山口県光市(現・周南市)	昭和15年10月1日	砲熕・製鋼・水雷・爆弾・造機
佐世保鎮守府	佐世保海軍工廠	長崎県佐世保市	明治36年11月10日	造兵・造船・造機・潜水艦
	川棚海軍工廠	長崎県東彼杵郡川棚町	昭和18年5月1日	第一水雷・第二水雷
舞鶴鎮守府	舞鶴海軍工廠	京都府舞鶴市	明治36年11月10日	造兵・造船・造機・機関実験・第二造兵・潜水艦

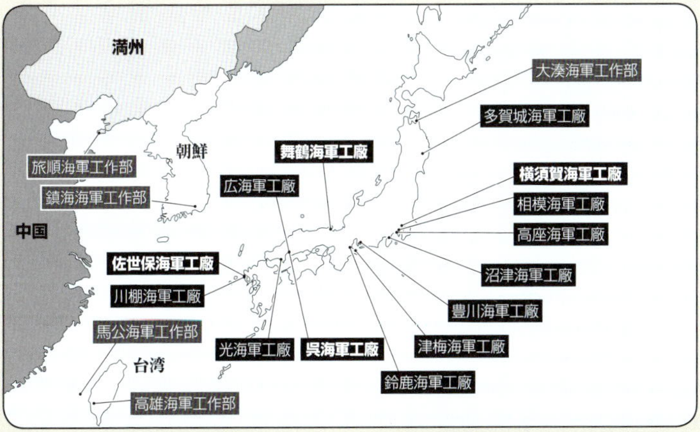

艦船建造に関する海軍工廠の分担

工廠名	艦種割当ての方針
呉	戦艦(主) 大型巡洋艦(主) 潜水艦(主)
横須賀	戦艦 航空母艦(主) 潜水艦
佐世保	中・小型巡洋艦(主) 駆逐艦 潜水艦
舞 鶴	駆逐艦(主) 水雷艇(主)

＊(主)は、同型艦の第一艦の建造を担当することを示す。

横須賀海軍工廠小港岸壁での艤装工事の様子(昭和初期)。

民間造船所・工場

艦船の70パーセントを建造

戦前日本の産業は、軍需をもって軍が民間を育成するいびつな構造になっていた。その体制下、各種兵器の製造には多数の民間企業が関わっていた。

日本海軍における建艦、航空機の製造、兵器・軍需品等の製造において、民間工場（軍需会社）が果たした役割は極めて大きかった。建艦についての官・民の割合をみると、昭和期における艦船の建造（進水）トン数179万4000トンのうち、**海軍工廠**が73万7800トン（41％）、民間造船所が105万6500トン（59％）、隻数でも官：民＝３：７であった。海軍が量産設備を持たなかった航空機や各種兵器（砲熕、水雷、電気、光学、航海）の製造（造兵）についての民間依存度は、いっそう大きなものであった。

前項で述べたように各期軍備計画の第一艦は担当する海軍工廠で建造され、第二艦以降については他の工廠と民間工場で建造することが原則であった。海軍は、民間工場に発注することで工業能力の育成と技術向上を図り、軍縮の時代にも技能・能力を失わないよう保護策を講じ、民間の力も大いに活用したのである。民間造船所や主要工場の所在地（東京、名古屋、大阪、神戸、広島、八幡、福岡、長崎、室蘭）などには**海軍監督官**の事務所が置かれ、**海軍艦政本部**（艦本）など担当部局から派遣された監督官によって工事全工程の検査が行われていた。

昭和12年（1937）、軍縮条約失効を機に、艦艇を大量かつ急速に建造できる体制が必要と判断した艦本は、主要民間造船所についても「一建造所一艦種」割当てによる建艦能率の向上を図った（右頁下表）。機関（造機）は、艦艇を建造する民間造船所でも製造されていた。また、造船所以外の各地の民間工場における主要製造兵器は右頁上表のとおり。このように海軍艦船ほか各種兵器は、海軍独力ではなく、海軍（官）と民間造船所・工場（民）両者の協同作業の産物であり、造兵・造機部門ほか、あらゆる分野の製品を包含する総合工業の結晶として生み出された。ただし、大量の民間需要と大量生産工学を背景としたアメリカなどと違い、日本では、軍需をもって軍が民間を育成・牽引するいびつな産業構造となっていた。

海軍関連兵器の製造に関わった民間兵器工場（造船所を除く）

所在地	会社名	主要製造兵器
関東	日立造船	砲架
	日本光学	砲戦指揮装置およびその要具、光学兵器
	日本製鋼所	砲身、弾丸（砲弾と銃弾）
	東京光学機械	光学兵器
	北辰電機製作所、東京計器製作所	転輪羅針儀（ジャイロコンパス）と磁気羅針儀
	東京芝浦通信器工業、同真空管研究所、日本無線、住友通信工業、日立製作所、東洋通信、安立電気、富士通信、沖電気、東京芝浦電気、三菱電機、富士電機	無線通信機や無線電話機、電波探知機（逆探）、電波探針儀（電探＝レーダー）など
中部	豊和重工業	機銃とその弾薬
	愛知時計	機銃とその弾薬、砲戦指揮装置およびその要具、発射管
阪神	寿重工（大阪）、大阪製鎖、大阪起工	砲架
	神戸製鋼所、住友金属工業	弾丸（砲弾と銃弾）
北九州	渡辺鉄工所（福岡）	発射管
	三菱重工業長崎兵器製作所	魚雷

海軍の兵器製造に関わった民間造船所・工場の分布

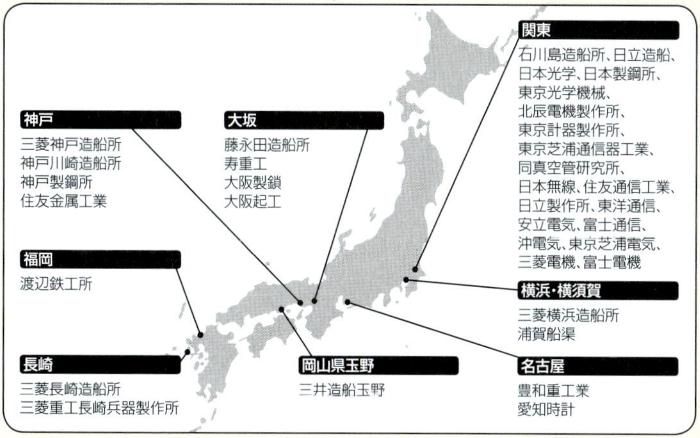

三菱長崎造船所飽ノ浦工場の150トン起重機（ハンマーヘッドクレーン）※現在も稼働中。（資料提供：齋藤義朗）

主要民間造船所に対する艦艇建造割当ての方針

造船所名		建造割当て艦種
三菱長崎造船所	長崎	戦艦　巡洋艦
三菱神戸造船所	神戸	潜水艦
三菱横浜造船所	横浜	特務艦
神戸川崎造船所	神戸	航空母艦　巡洋艦　潜水艦（大正期には主力艦を建造）
石川島造船所	東京	駆逐艦
浦賀船渠	神奈川・浦賀	駆逐艦
藤永田造船所	大阪	駆逐艦
三井造船玉野	岡山・玉野	潜水艦　小艦艇

※三井造船玉野への依頼は、昭和16年8月以降

5-3 艦船ができるまで

さまざまな部局・会議での検討・承認ののちに建造され、海軍に引き渡される

日本海軍の艦船の建造は、軍令部が計画し、艦政本部の要求仕様にしたがって基本設計が行われ、その後作成される各種図面を基に組み立てられていく。

日本海軍艦船の建艦計画は、**軍令部**が計画した。中長期的な観点から必要な艦種、能力（要求性能）を判断したうえで艦の設計にあたるのは造船主務部の**海軍艦政本部**第四部（艦本四部）で、要求性能にしたがい、船型、主要寸法、排水量、速力、主要搭載兵器とその配置などの基本設計を作成する。これを最終的に承認するのが海軍技術問題の最高機関であった**海軍高等技術会議**で、会議には海軍中枢の面々が揃った。基本計画が承認されると、関係図書（図面と書類）を作成し、海軍大臣の決裁を得る。同時に建艦に必要な詳細設計も行う。図面は艦本四部から海軍工廠造船部に送り、建造のための詳細図（工事用図面）を作図した。原則として同型艦の第一艦は担当の海軍工廠で建造し、第二艦以降の建造は他の工廠や民間造船所に発注するため、詳細図は関係先に参考として送付していた。図面製作と並行して資材や中央からの配給品、工廠からの部外発注品に対する手続きも順次行った。

実際の建造は、船体中心の竜骨底板 2 枚を船台や建造ドックに並べ、神主を迎えて神式の儀式を行ったのち、底板重ね部分の鋲穴に鋲（リベット）を打ち込む**起工式**から始まる。翌日から本格的な建造にかかる。船体は下部から順次上に向かって外板や甲板が張られ、形状を仕上げていく。主機・主罐、その他機器類を艦内積み込み後、上甲板を張ると、地上で組み立てた艦橋構造物などを取り付ける。船体部が組み上がると、船体を海上に浮かる**進水式**（→ 154 頁）を行い、艦の門出を祝う。その後、艤装工事に移り、主砲・高角砲その他各種武器の搭載を完了し、艦内装備機器類の作動試験を経て海上公試運転を行う。主砲の射撃試験（砲熕公試）などは、中小規模の造船所での建造艦の場合、引き渡し後に海軍で行うこともあった。そして、建造途中から建艦に参加していた艤装員長が初代艦長として着任し、**竣工式**で艦尾旗竿に**軍艦旗**が掲げられると、海軍艦船としての一生が始まるのである。

日本海軍における艦船建造の流れ

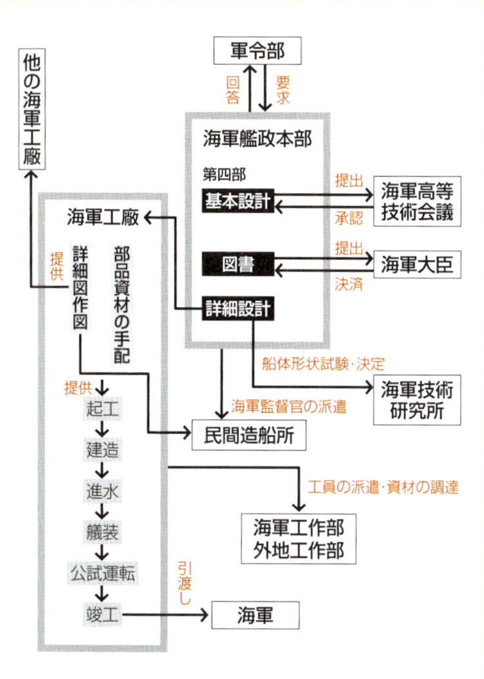

海軍高等技術会議には、議長に軍事参議官(大将)、海軍省から海軍次官、軍務局長、兵備局長、教育局長、艦政本部長、艦本総務部長、艦本第四部長、航空本部長、航本総務部長、航本第二部長など、軍令部からは軍令部次長、第一部長(作戦)、第二部長(軍備・動員)など海軍中枢の面々が揃った(図は昭和10年1月29日「高等技術会議令」を基に作成)。

舷側のリベット(鋲)打ち込み作業(鋲鋲作業)。

建造中の新艦(浜風)上での見回り。

晴れの引渡式での新造艦「浜風」。

この頁の写真はいずれも駆逐艦「浜風」の建造時のもの。映画『八十八年目の太陽』(昭和16年、東宝)から(「海軍省貸下 昭和十六年地乙第六七号 東京湾要塞司令部許可済 被許可者 池永和夫」)。

5-4 海軍航空機ができるまで

なかなか実現できなかった「2社による競争試作」という方針

海軍の航空機開発は陸軍の進め方とはどう違っていたのか。また、日中戦争、太平洋戦争と続く戦時下、増産を命じられた現場ではいかなる問題が生じたか。

日本の航空機工業は軍需工業としてスタートし、製造は主に民間工場に依存していた。航空機生産は極めて高度の総合工業であり、育成と技術・設備能力の向上のため、採算を度外視した特別の支援が投入された。昭和7年（1932）4月、**海軍航空廠**（昭和15年から**海軍航空技術廠**）を設立した海軍は、機体・発動機の自立（国産化）政策を推進。陸軍が研究と設計の大部分を民間に委ね、発注・審査・改修発令・修理を行ったのに対し、海軍は強力な研究機関を手許に置き、設計資料の供給に努める傍ら、特殊な機体・発動機の設計・生産を部内で行った。海軍では機体生産にあたり、①機体および発動機の試作は2社以上に競争的に行わせる、② 製造は民間会社に指定のうえ割り当てる、③修理は海軍工廠で担当する、という基本方針を採っていた。しかし現実は、発動機の場合、3～4年の開発期間を必要とする上、民間各社ごとに専門が分化していったため、2社競争試作は非現実的だった。機体試作も、太平洋戦争前の小型機を除き、中型機以上や練習機などは最初から1社指定であった。

零戦開発も2社競争試作の予定だった。昭和12年（1937）5月19日、**九六式艦上戦闘機**の後継として**十二試艦上戦闘機**の計画要求が三菱、中島の2社に交付された。ただし、最大時速500キロ以上、航続力は巡航で6時間以上、武装に20ミリ銃、7.7ミリ銃各2挺などあまりに高度な要求だったため、中島は辞退、三菱単独で**零式艦上戦闘機**（零戦）の機体を開発した。発動機は、試作機に三菱「瑞星」が搭載されていたが、海軍の指示で中島「栄」に換装され、昭和15年7月に制式採用された。民間各社は、昭和13年からの生産拡張命令で、急激に拡張され、短期間での増産を要請されていった。戦時下、材料不足に加え、戦訓により猫の目のように変わる設計変更に現場が追従できず、生産機は時代遅れとなった。また、熟練工や技術者が兵士として召集され、素人の国民を徴用したため粗製濫造を招き、生産技術と効率低下に拍車をかけてしまった。

海軍機試作と採用までの流れ

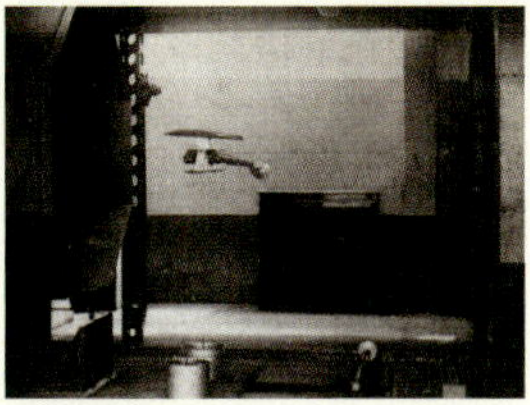

愛知航空機での水偵の模型を用いた風洞実験の様子(模型は天地逆に配置)。(写真提供:齋藤義朗)

軍令部
性能標準
↓
年度計画
(航空本部)
↓
技術会議
計画要求
(航空本部+空廠[*]+横空[*])
↓
試作発注
2社以上は競争
(特殊機種は空廠)
↓
設計
(空廠の指導)
↓
木型検査
性能強度審査
(空廠)
→
実物製作
強度試験
(空廠)
↑
試飛行
(製造会社)
↑
領収試験
(空廠)
↑
性能試験
(空廠)
↑
実用試験
(横空)
↑
技術会議
採用

*空廠=航空廠。のちに航空技術廠と改称。横空=横須賀航空隊。

流れ作業による航空機製造風景。第21航空廠(長崎県大村市)にて。(写真提供:齋藤義朗)

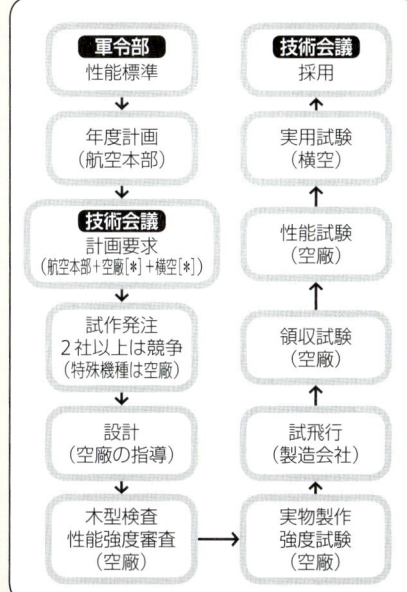

5-5 海軍の技術研究

技術研究所と工廠、火薬廠、航空技術廠などが担当

海軍には艦政本部所管の技術研究所を中心に、様々な技術研究・開発機関があった。それらの一部は現在の防衛省に引き継がれている。

海軍の艦船兵器などの造修を主務として、航空本部とともに海軍軍戦備の主要物件調達を掌《つかさど》った**海軍艦政本部**の下部機関に**海軍技術研究所**（技研、東京目黒）があった。ここは海軍の技術の研究、調査および諸種の技術的試験・試作のほか、必要に応じて兵器材料の製造修理を掌った。

技研の沿革は明治 42 年（1909）2 月発足の**海軍艦型試験所**（東京築地）に始まる。ここでは艦船模型による速力試験を行っていた。大正 12 年（1923）3 月 24 日、**海軍技術試験所条例**が制定（4 月 1 日施行）。当初、科学、電気、航空、造船の各研究部と総務、会計、医務の 3 部を設置し、昭和 5 年（1930）9 月、築地から目黒に移転し、終戦まで存続した。

技術の発達に伴い、研究部の数は増加し、太平洋戦争末期には、理学、化学（平塚）、電気、電波、造船、材料、音響（沼津）、噴進、実験心理の各研究部があった。航空関係の研究業務については、昭和 7 年の**海軍航空廠**の新設で同廠に移管されている。このうち、造船研究部の組織は 7 科が置かれた。第 1 科 : 抵抗、推進、旋回性能、第 2 科 : 復原性能、第 3 科 : 船体構造、強度、振動、第 4 科 : 防御、第 5 科 : 艤装、第 6 科 : 各種調査、第 7 科 : 模型その他の工作業務をそれぞれ担当していた。

技研は、終戦直前の昭和 20 年（1945）5 月、空襲を受けて大型試験水槽など多くの研究設備が壊滅的大損害を受ける。戦後、その大部分は復旧され、防衛省技術研究本部艦艇装備研究所などとして再生し、現在に至る。

このほか、艦政本部の下部機関には、火薬類およびその原料の製造・修理・審査などを担当し、海軍の爆薬・火薬の研究開発拠点となっていた**海軍火薬廠**（平塚、大正 8 年［1919］発足）があり、海軍航空機の設計・実験、材料研究・調査・審査機関としては、海軍追浜飛行場（横須賀）に隣接して**海軍航空技術廠**（空技廠、昭和 15 年［1940］、海軍航空廠を改組・改称）があった。

海軍技術研究所におけるさまざまな試験

艦艇の船形および推進性能試験を行うための、技研大型試験水槽（奥行255m×幅12.5m×深さ7.25m。）手前に曳航電車（矢印）と模型船の船溜りがみえる。（写真提供：齋藤義朗）

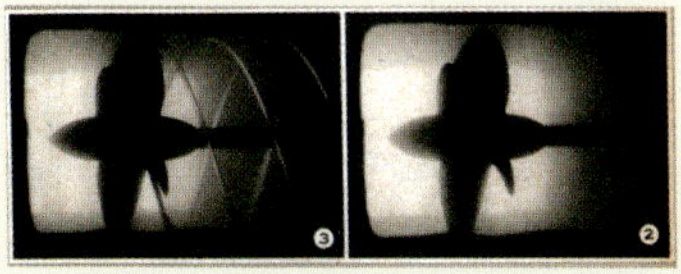

空洞試験水槽での推進器（プロペラ）の試験。キャビテーション（プロペラ翼面上の水の加速で小気泡ができる現象。推進効率を大きく下げる問題があった。）の発生試験を行っている。（写真提供：齋藤義朗）

復原性能試験水槽での船体の動揺試験。発生させた波浪によって試験模型がどのように動揺するかを、模型に搭載した動揺計測機器で計測する。（写真提供：齋藤義朗）

海軍の主要技術研究機関

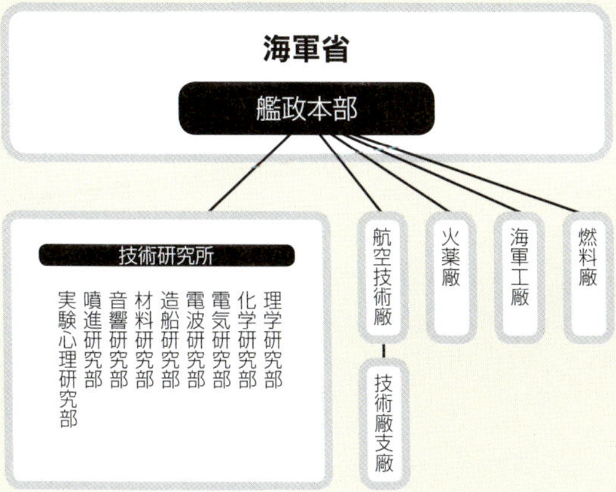

C-7 Column

造船官

技術系エリート士官の採用とその実像

日本海軍において、海軍艦艇の設計や開発、建艦など海軍技術関係各部門の中心となって働いたのが**技術科**（昭和17年10月以前は造船、造機、造兵科［右頁表1］）である。

海軍技術系士官には、明治時代から帝国大学卒業者が採用されていた。明治9年(1876)、海軍は造船学生の教育を開成学校（東京帝大の前身）に委託し、同17年(1884)には東京帝大造船科が開設。この卒業生らが主に海軍**造船官**として採用された。

海軍は、大学在学中に学資を支給し**依託学生**にして、卒業後、技術士官にすることを早くから行っていた。優秀な大学卒業生を陸軍に徴兵されないための“青田買い”である。委託学生は大学卒業時にいきなり中尉の階級が与えられた。昭和13年からは**短期現役士官制度**（二年現役士官制度）が技術系にも適用となった。希望し採用された大学卒業者はただちに中尉に任官、満2年後に大尉に進級して即日**予備役**（現役を終え、必要に応じ招集）というものである。太平洋戦争開戦後は、大部分が招集され、現役の者は満2年経過後も引き続き招集され勤務した。昭和13年当時の中尉の月給85円（二号俸）は一般就職初任給よりも高額で、高等官七等の地位にあった。

それぞれの専攻にしたがって造船中尉、造兵中尉（兵器）、造機中尉（機関）に任官した大学卒業生には、各々中将までの道があった。戦局の進展とともに専攻も多岐にわたり、昭和17年(1942)11月、前述のように技術科に統合される。造船中尉任官後の一般軍事教育講習では、一個小隊の兵隊を指揮させられた折、「前へ、進め」のあとの号令が続かず、列の先頭が土堤にぶつかって足踏みをいつまでも続けたなど、大学から軍という組織に急に飛び込んだ技術系士官の失敗談も数多く残されている。また現場や前線では戦時任用の若い技術科士官が次々と命を落とした。戦争を生き抜いた技術科士官ほか海軍技術陣は、活躍の場を海軍から民間へと移し、各自の専門分野を活かしながら荒廃した日本を復興していく礎となったのである。

工廠長ほか横須賀工廠の造船官たち。大正11年(1922)4月、横須賀工廠にて。空母「鳳翔」の転輪安定儀搭載時。

【表1】海軍の技術官(昭和16年6月現在)

文官	武官				
	造兵科	造機科	造船科		
(一等) 技師	造兵中将	造機中将	造船中将	勅任官	高等官
(二等) 技師	造兵少将	造機少将	造船少将		
(三等) 技師	造兵大佐	造機大佐	造船大佐	奏任官	
(四等) 技師	造兵中佐	造機中佐	造船中佐		
(五等) 技師	造兵少佐	造機少佐	造船少佐		
(六等) 技師	造兵大尉	造機大尉	造船大尉		
(七等) 技師	造兵中尉	造機中尉	造船中尉		
(八等) 技師	造兵少尉	造機少尉	造船少尉		
(一等) 技手				判任官	
(二等) 技手					
(三等) 技手					
(四等) 技手					

【表2】海軍工員

役職	階級
係員	工長
班長	工手
組長	職手
伍長	一等工員／二等工員

昭和14年(1939)5月30日、横須賀工廠第2船台にて。空母「翔鶴」の進水式の前日、横須賀工廠造船部員の記念写真。造船官と技師らが一堂に会した。

5-6 艦船の建造期間

複数年かかる軍艦の建造
戦時にはスピードが求められる

建造期間のかかる軍艦は建艦競争の時代にあっては建造中に旧式と化してしまうことがあった。また戦時においてはいかに早く竣工させるかが求められた。

航空機などと比較して建造期間が長い艦船（とくに軍艦など艦艇）は、新造艦として完成したときに最新式の艦でなくてはいけない。そのため、兵器や装備品のなかには、未完成の新式が装備を予定されたりすることもあった。

軍艦ともなると起工から竣工まで複数年単位の建造期間を要することが多く、建造中に旧式の烙印を押されてしまった不幸な艦もあった。日本初の国産戦艦として登場した戦艦「安芸」（1万9800トン、竣工1911年）、「薩摩」（1万9350トン竣工1910年）である。両艦は明治37年（1904）の設計当時最有力とされたイギリス戦艦「ロード・ネルソン」を凌駕するよう建造されたが、巨砲単一主義方針を採用し、1905年、極秘のうちに起工、驚異的スピードで翌1906年秋には竣工したイギリス戦艦「**ドレッドノート**」の出現で、進水時には前弩（ド）級艦（＝旧式艦）となってしまった。

周囲の政治情勢で建造期間を短縮された例もある。戦艦「**大和**」は、建造命令書（昭和12年8月21日付）によれば昭和17年6月15日の完成予定だったが、実際は昭和16年12月16日。対米英戦を見据え、世紀の巨大戦艦の建造工事は半年近くも工期短縮されていた。

多量建造が要求されるようになった太平洋戦争後半、莫大な費用と年単位の建造期間を要する大型艦艇はすべて断念され、潜水艦、小型艦艇や水上・水中特攻兵器の量産に力が注がれた。消耗戦に突入し、背に腹は代えられない状況下、「軍艦は磨き上げて造る」という海軍**造船官**の美学は過去の遺物であった。**「松」型**以降の駆逐艦、**海防艦**、**一・二等輸送艦**、**戦時標準船**（商船）の建造期間も起工から竣工・引き渡しまで3か月弱という驚異的スピードで、**丁型海防艦**198号は工期73日という最短記録を作る。生産性向上の経験が花開いたのは、戦後であった。昭和31年（1956）に船舶建造世界第一位を勝ち取る原動力となったのは、民間造船所に活躍の場を移した元海軍技術者たちであった。

主要艦艇の建造期間

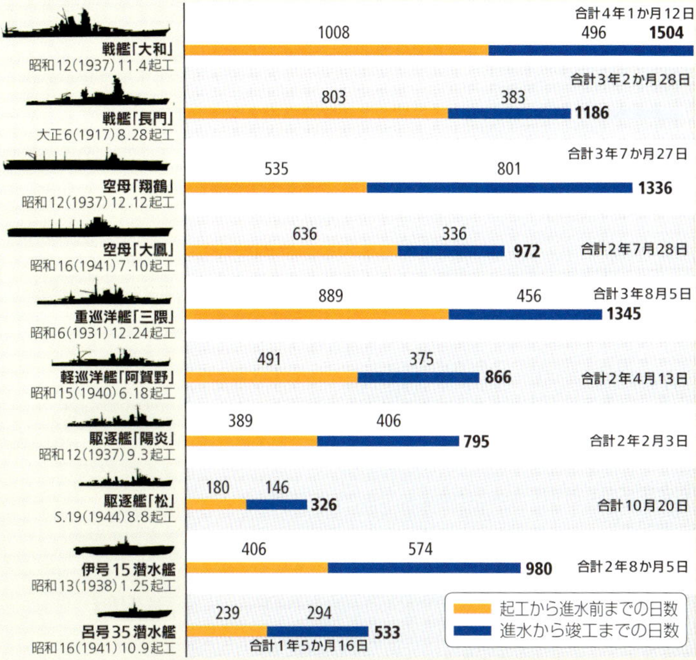

データ作成：齋藤義朗

1906年12月に竣工した英戦艦「ドレッドノート」。起工から竣工まで1年2か月という速さで竣工したので、に加えて強力な主砲と画期的な推進機関はそれまでの戦艦を一気に時代遅れにした。(写真着彩：小林克美)

軍艦と航空機の値段

残されたデータを元に現在の艦艇・航空機と比較する

日本海軍の各種兵器がどれくらいの金額で造られていたのかを知りたい人は多いだろう。建造費でよく話題にのぼるのが戦艦「**大和**」である。複数年にわたる建造費が正確に記されているのが、「大和」「武蔵」建造をふまえて算出された「⑤計画艦艇建造費予算表」(昭和 16 年 7 月 19 日調整) である。造船費 (船体+機関) は 1 億 4175 万円、造兵費 (主砲などの兵装費) 1 億 3456 万 5000 円、事務費 522 万 1000 円の計 2 億 8153 万 6000 円である。これを【表1】にあてはめ、デフレ傾向にある平成 21 年度現在の金額に換算すると 2858 億 9196 万 865 円となる【表 2】。ちなみに海上自衛隊のイージス艦「あたご」の建造費は 1475 億円。「大和」は「あたご」のほぼ 2 隻分に相当し、約 760 億円の米海軍イージス艦「アーレイバーグ」

【表 2】海軍艦艇の建造価格と現代の消費者感覚

艦種	該当艦型		基準排水量(トン)	㌧当り金額(円)	単艦金額(円)	金額算出年
戦艦	大和型	中止	6万4000	4399	2億8153万6000	昭和16年
戦艦	新型(51糎砲搭載)	中止	6万4000	3445	2億1406万2000	昭和16年
巡洋艦超甲	31糎砲搭載	中止	3万3000	4119	1億3593万1000	昭和16年
巡洋艦乙	改阿賀野型	中止	8520	5678	4838万0000	昭和17年
巡洋艦	伊吹型(→改造)	中止	1万2000	5000	6000万0000	昭和16年
航空母艦	改大鳳型	中止	3万0400	4294	1億3055万0000	昭和17年
航空母艦	雲龍型	建造	1万7250	5417	9344万2000	昭和17年
駆逐艦甲	夕雲型	建造	2570	6780	1742万4600	昭和16年
駆逐艦乙	秋月型	建造	2980	5980	1782万0400	昭和16年
駆逐艦丁	松型	建造	1260	7630	961万4000	昭和18年
潜水艦甲	伊9潜型	建造	2490	8500	2116万5000	昭和16年
潜水艦乙	伊15潜型	建造	2280	8990	2049万7200	昭和16年
潜水艦丙	伊16潜型	建造	2240	9428	2111万9000	昭和17年
潜水艦中	呂35潜型	建造	1000	7920	792万0000	昭和16年
潜水艦小	呂100潜型	建造	550	8570	471万3500	昭和16年
潜水艦特	伊400潜型	建造	3500	8246	2886万1000	昭和17年
潜水艦丁	伊361潜型	建造	1500	6479	971万9000	昭和18年
潜水艦高	伊201潜型	建造	1070	1万2325	1232万5000	昭和18年
海防艦丙	第1号型	建造	800	6268	501万5000	昭和18年
海防艦丁	第2号型	建造	900	5992	536万3000	昭和18年
魚雷艇	10号型11	建造	100	2万2620	226万2000	昭和16年
魚雷艇乙		建造	15～24	3万4350	68万7000	昭和18年
一等輸送艦	第1号型(特特)	建造	1200	5761	691万2000	昭和18年
二等輸送艦	第101号型(SB艇)	建造	890	3865	374万9000	昭和18年
震洋		製造			3万0000	昭和19年
回天		製造			40万0000	昭和19年
蛟龍		製造			64万3650	昭和19年

級フライトⅡAならば3.7隻の建造が計算上は可能だ。ただし、46センチ主砲など砲熕兵器の製造ラインは現存しないため、「大和」を現代に再建するつもりなら、この金額の何倍もの建造費が必要となるだろう。同様に、「雲龍」型空母は約872億4500万円となり、平成23年に竣工予定の空母型護衛艦DDH182「いせ」(1万3500トン)建造費が約975億円であるから、建造費だけでみると「雲龍」は現代の「いせ」に匹敵する空母のようだ。

さて、航空機については、昭和16年度の**零式艦上戦闘機**(零戦)1機の機体価格が約6万5000円、発動機約3万円であった(海軍支給の兵装価格を除く、古峰文三氏記述より)。これは現在の約9647万円にあたる。航空自衛隊F-15J戦闘機で約110億円、F-2支援戦闘機が119億円であるから、最新式戦闘機という目で見ると随分安価に思えてしまうが、高級外国車フェラーリ1台が2000万円前後であることを考えると、やはり庶民の手には届かない高価な兵器だったことがわかる。

戦争末期、資材窮乏のなか「**震洋**」「**回天**」「**蛟龍**」など安価な水上・水中特攻兵器が続々と生産された。これら製造コストの安い“必死”の兵器で、尊い命の消耗戦が展開されたのである。

現代消費者感覚(円)	備考
2858億9196万865	㊄計画建造予算
2173億7399万4539	㊄計画建造予算
1380億3414万1752	㊄計画建造予算
451億7153万5565	(改)㊄計画建造予算
609億2832万7645	(急)計画建造予算
1218億9218万6192	(改)㊄計画建造予算
872億4511万4226	(改)㊄計画建造予算
176億9419万5631	(急)計画建造予算
180億9611万9499	(急)計画建造予算
83億8852万430	(戦)計画　第86帝国議会成立予算
214億9246万7577	(追)計画建造予算
208億1433万5290	(追)計画建造予算
197億1843万335	(改)㊄計画建造予算
80億4253万9249	(急)計画建造予算
47億8642万7873	(急)計画建造予算
269億4699万6444	(改)㊄計　画建造予算
84億8013万6266	(戦)計画　第86帝国議会成立予算
107億5395万4057	(戦)計画　第86帝国議会成立予算
43億7574万6823	(戦)計画　第84帝国議会成立予算
46億7938万7879	(戦)計画　第84帝国議会成立予算
22億9699万7952	(急)計画建造予算
5億9942万9326	(戦)計画　第86帝国議会成立予算
60億3093万9589	(戦)計画　第84帝国議会成立予算
32億7212万1603	(戦)計画　第84帝国議会成立予算
2309万4437	昭和19年12月建造予算
3億0792万5830	昭和19年12月建造予算
4億9549万1151	昭和19年12月建造予算

【表1】企業物価指数の推移

	企業物価戦前基準指数	消費者物価指数(総合)
戦前基準指数【基準:昭和9年〈1934〉~11年〈1936〉平均=1】		
昭和12年(1937)	1.258	-
昭和13年(1938)	1.327	-
昭和14年(1939)	1.466	-
昭和15年(1940)	1.641	-
昭和16年(1941)	1.758	-
昭和17年(1942)	1.912	-
昭和18年(1943)	2.046	-
昭和19年(1944)	2.319	-
昭和20年(1945)	3.503	-
平成21年(2009)	665.4	1785.2

出典:企業物価指数…日本銀行調査統計局データ

消費者物価指数…総務省統計局「消費者物価指数年報」平成21年度
(注)平成元年4月より国内品については消費税込み価格で作成。
※「大和」型の算出計算方法はつぎのとおり。2億8153万6000円[昭和16]÷1.758[昭和9~11戦前基準指数に換算]×1785.2[平21消費者物価指数]=2858億9196万865円(以上データ編集:齋藤義朗)

*1 ㊄計画の数値については「㊄計画艦艇建造費予算表」(昭和16年7月19日調整)(牧野茂・福井静夫編『海軍造船技術概要 第七分冊』)
*2 そのほかの数値については、日本造船学会編『昭和造船史(第1巻)』(昭和52年、原書房 明治百年史叢書)
*3 「現代消費者感覚」の算出は、表1の計算表を用いた。(以上データ編集:齋藤義朗)

5-7 進水式

船台進水、横向進水、ドック進水の3種類がある

進水式には船台進水、横向進水、ドック進水の3つの方式がある。それらの方式はどのように異なるのか、進水式の詳細を見る。

新造艦をはじめて海面に浮かべる**進水式**は、船が誕生する大きな節目で、建物でいえば上棟式にあたる。進水式当日、紅白の幕が張られた式台では海軍省の代表（艦種によって海軍大臣または鎮守府司令長官）が進水命令書を読み上げ、このとき艦名が与えられた。日本海軍艦艇の進水では、大きく３つの方法が採用されていた。海に面する傾斜した船台上を滑り降り、艦尾から進水する①**船台進水**では、船体から式台にのびる支綱《しこう》が切断されると同時にトリッガー（滑り止め金物）が外れ、艦は自重で滑り出し海に浮かぶ。海上に滑り出たあと錨や錨《びょう》鎖《さ》でブレーキをかけ、曳船が艤装岸壁へ移動して終了。豪快な反面、準備に約１か月を要し、船体を乗せた滑走台の潤滑剤である石鹸や獣脂（ヘット）の調整不備で滑走しなかったり、進水台から船体が滑落するなどの失敗・事故も少なくなかった。現在は鋼球を使ったボール進水法が多く採用されている。

進水の原理は同様だが、艦が進水海面に平行して建造され、横滑りして進水する②**横向《よこむき》進水**もあった。進水後、船がすぐに止まる一方で、進水後の動揺が激しく船台の端に船体が打ちつけられる危険もあり、日本海軍での採用は少数だった。建造ドック（船渠）で建造した艦をドック内注水で浮上させ、ドックの仕切扉（扉船）を開けて曳船で引き出す方法が③**ドック進水**である。進水方法としては最も容易かつ確実。日本海軍では、ドック外に向けて動きだし、船体が完全にドック外に出るまでを進水と規定していた。ドック進水での式典は、進水式ではなく、**命名式**と呼んだ。

さて、支綱切断に用いた刃物は、世間一般で斧と思われているが、じつは武器である鉞《まさかり》の誤解。両面にある矢形の溝は血流しで、左面の３条（→ 156 頁右下写真参照）は、中央：天照大神《あまてらすおおみかみ》、右：伊弉諾尊《いざなぎのみこと》、左：伊弉冉尊《いざなみみこと》の三社神、右面の４条は頭部から猿田彦大神、豊受大明神、春日大明神、八幡大明神の四天王を祀ったものと呉海軍工廠造船部に伝わっている。

進水式の流れ

大正4年(1915)11月3日、横須賀工廠で進水準備中の戦艦「山城」。艦首部分で手前に「第四号戦艦　大正二年十一月廿日起工」の札が見える。時計のようなメーターはスリップ計で、船体が船台上ですでに何インチ滑っているかを表示している。(資料提供:大和ミュージアム)

【船台進水の場合】	【ドック進水の場合】
進水命令書の読み上げ	ドックの仕切扉を開ける ドック内には前日までに注水しておく
支綱の切断 トリッガーを外す	進水命令書の読み上げ
艦首に取り付けられたくす球が割れる	支綱(艦首纜索)の切断
艦は船台を海上に向けて滑り出す	その合図でくす球が割れる
錨・錨鎖(ドラグチェーン)でブレーキをかける	同時に曳船での引き出しが始まる
曳船で艤装岸壁まで移動	曳船で艤装岸壁まで移動

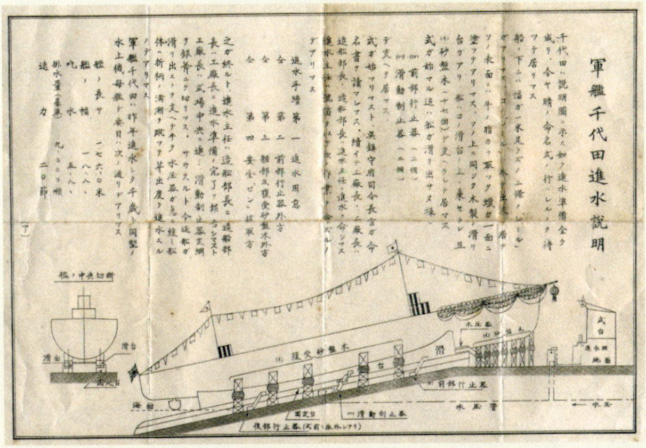

軍艦千代田進水説明

千代田ハ説明圖ニ示ス如ク進水準備全ク成リ、今ヤ晴ノ命名式ノ行ハレルノヲ待ツテ居リマス
船ノ下ニハ幅ガ一米足ラズノ二條ノレールガアリマス、[illegible]居テソノ表面ニハ牛ノ脂カラ取ツタ蝋ガ一面ニ塗ツテアリマス、ソノ上ニ同ジク木製ノ滑リ台ガアリ、船ハコノ滑台ノ上ニ乗セラレ且
(イ)砂盤木(十七個)デ支ヘラレテ居マス
式ガ始マル迄ハ船ガ滑リ出サヌ様ニ
(ロ)前部行止器(二個)
(ハ)滑動制止器(二個)
デ支ヘテ居マス。
式ガ始マリマスト、呉鎮守府司令長官ガ命名書ヲ讀マレマス、續イテ工廠長、工廠長ハ造船部長、造船部長ハ進水主任ニ進水ヲ命ジマス 進水主任ハ號笛ヲ以テ作業ヲ命ズルノデアリマス

進水手順 第一 進水用意
仝 第二 前部行止器外方
仝 第三 艏部及腹受砂盤木外方
仝 第四 安全ピン抜取方

之ガ終ルト、進水主任ハ造船部長ニ造船部長ハ工廠長ニ進水準備ノ完了ヲ報告シマスト工廠長ハ式場中央ニ進ミ、滑動制止器支綱ヲ銀斧ニテ切リマス、サウスルト今迄船ガ滑リ出スノヲ支ヘテ居タ水圧器ガ急ニ緩ミ船體ハ折柄ノ満潮ヲ蹴ツテ芽出度ク進水スルノデアリマス
軍艦千代田ハ昨年進水シタ千歳ト同型ノ水上機母艦デ要目ハ次ノ通リデアリマス

艦ノ長サ　一七六・〇米
艦ノ幅　一八・八〃
吃水　五・八〃
排水量(基準)　九・〇〇〇噸
速力　二〇節

(丁)

「軍艦千代田進水説明」。「千代田」は昭和12年11月19日に呉工廠で進水、翌年竣工した水上機母艦で、昭和18年空母に改造された。これは呉工廠での進水の手順を書いた説明書。(資料提供:齋藤義朗)

進水の種類

典型的な船台進水。艦尾から進水する戦艦「土佐」。大正10年(1921)12月18日、三菱長崎造船所にて。艦首のくす玉はその後の廃艦となる運命を指し示すかのように開かなかった。(資料提供:齋藤義朗)

日本海軍では珍しい水雷艇「雉」の横向進水風景。明治36年(1903)11月5日、呉造船廠水雷艇用建造船台。(資料提供:齋藤義朗)

戦艦「扶桑」のドック進水の様子。大正3年(1914)3月28日、呉海軍工廠呉工廠造船ドック初のドック進水だった。(資料提供:齋藤義朗)

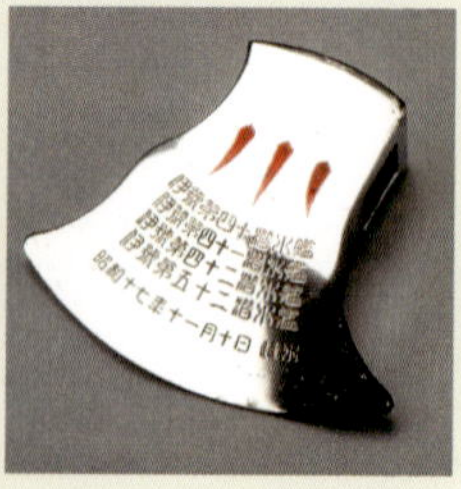

昭和17年(1942)11月10日に呉工廠で4隻の伊号潜水艦の進水式が行われた際に使用された斧。(資料提供:大和ミュージアム)

第六章

科・階級・教育

十

兵科を始めとする各科、階級と教育など
海軍軍人にまつわる諸制度について見ていく。

科

専門と機能に基づく戦闘組織上の区分

日本海軍はもちろん、どの国の海軍にも機関科、主計科といった「科」が存在する。「科」とはなにか。いかなる理由で生まれたのか。その歴史的経緯を見る。

「**科**」とは専門（職種）と機能に基づく乗員組織の戦闘組織上の区分で、艦長の指揮下、各科が協同して艦の戦闘航海を円滑に実施する。

西欧の中世にはまだ軍艦と商船との区別はなく、戦時には王権が借り上げた船を武装して、王の配下の戦士たちを乗り込ませる習いであった。その乗り込んだ戦士団の隊長（キャプテン）が、近世に専門の軍艦というものが生まれて以後は艦長（キャプテン）と呼ばれるようになり、そして戦士たちが指揮権を持つ**士官**となったのである。一方、武装船の元々の船長（マスター）の呼称は、軍艦の航海長（マスター）に受け継がれた。航海長やその部下たる航海士ら以外にも、近世～近代の帆走軍艦には主計長、軍医、船匠（船大工）等の艦の航海と運用にかかわる様々な専門家が乗り組んでいたが、彼らの身分はあくまで**准士官**あるいは軍属であり、戦闘指揮権を持つ「本物の」士官（日本海軍の用語では**将校**。特に兵科将校）たちからは一段低く見られていた。日本においても、武士に対する船方あるいは職方という同様の身分意識が明治維新後も長く残っていた。

ところが蒸気海軍の時代が到来して、艦の運用に高度なテクノロジーの知識と教育が欠かせなくなると、そのような従来のやり方ではやってゆけなくなった。士官に専門技術教育を施すこと、あるいは専門家の身分を士官（日本海軍では将校ないし将校相当官）に引き上げることが必要になったのである。

1837 年に、イギリス海軍は初めて機関士の職位を設けた。当初、これは航海士と同じく准士官の位階に過ぎなかったが、10 年後には機関科士官を任じ、少なくとも身分の上では兵科士官と同格とせざるを得なくなった。この機関科の台頭を背景に、20 世紀に入ると艦内組織の再編は急速に進み、軍艦の全乗員は士官 - 准士官・下士官 - 兵という階級に基づく縦の関係と、航海科、砲術科、運用科、機関科、主計科、飛行科……というそれぞれの職域に基づくヨコの関係の中に、整然と組み込まれるようになっていったのである。

日本海軍の「科」

	戦闘幹部	艦長、副長、艦長付、戦闘幹部付などの司令部の人員で科には含まれない。
兵科	内務科	内務長以下。昭和18年、運用科と工作科を統合して新設。
兵科	航海科	航海長以下。航海、操縦、操舵、信号、気象、見張りを統括する。
兵科	砲術科	砲術長以下。射撃、備砲、弾火薬、探照灯、電路等を統括する。軍艦の花形配置。
兵科	水雷科	水雷長以下。魚雷と発射管、機雷と敷設装置等を統括する。
兵科	機雷科	機雷長以下。機雷と敷設装置を統括。昭和18年に水雷科より独立。
兵科	通信科	通信長以下。無線通信、暗号を統括。
兵科	運用科	運用長以下。船体の安全、応急、錨と錨鎖、短艇、潜水具等を統括。
その他の科	飛行科	飛行長以下。航空機とその武器、昇降機、射出機、航空写真等を統括。
その他の科	整備科	整備長以下。航空機の整備を統括
その他の科	機関科	機関長以下。機関（機械、罐、電機）、燃料、真水を統括。
その他の科	工作科	工作長以下。工作、注排水を統括。
その他の科	医務科	軍医長以下。医療、衛生を統括。
その他の科	主計科	主計長以下。給養、補給、経理を統括。

上表中の各科の名称部分の色は、昭和17年頃の各科ごとの識別色を示したもの（工作科は内務科に統合される前の色）。飛行科＝青、整備科＝緑、機関科＝紫、工作科＝紫、医務科＝赤、主計科＝白。兵科は色がなかった。

6-2 分隊

軍艦の日常生活における基本単位

軍艦の戦闘組織としての側面を機能させる組織が「科」だが、生活の場という側面を機能させるのが「分隊」である。分隊とはいかなるものなのか。

軍艦の大きな特質の一つは、それが①航海する船、②戦闘部隊、そして③乗員の日常の起居の場、という3つの側面を常に兼ね備えていることである。熾烈な交戦の最中でも艦は航海を続けなければならず、乗員の生活は維持されねばならないのである。それは1日24時間、一秒一瞬たりとも中断されることは許されない。軍艦の組織（艦内編制）は、全てこれらのシークエンスが円滑かつ安全に遂行されるように構築されており、その基本となるのが**科**、**分隊**、**当直**、そして**部署**である。

科が乗員の戦闘組織上の区分（**戦闘編制**）であるのに対して、分隊は日常生活、人事、規律の単位（**常務編制**）である。とはいえ、両者は相互に無関係であるわけではなく、各科は1個ないし複数の分隊から成っている。航海科や主計科のような人員の少ない科ではその全体が1個分隊とされるのに対し、砲術科や内務科、大型艦の機関科のような大きな科は複数分隊編制となる。後者の場合には、たとえば砲術科の1砲台部をもって1個分隊となし、機関科の機械部と罐部をそれぞれ1個分隊となすというように、戦闘編制と常務編制は緊密にヨコの繋がりを持っている。

逆にいえば、軍艦の乗員は1人で複数の顔を持っているのである。たとえば、戦艦乗組のある兵科の大尉は砲台長であると同時に**分隊長**でもあり、同僚たちと交代で**当直将校**を務め、また発令される（砲台の指揮を執る戦闘部署以外の）部署に応じて定められている様々な指揮官の任務を果たさねばならない。

分隊の下には班が置かれるが、規模的にはこれが陸軍の分隊に相当するプライマリ・グループである。班長以下班員たちは居室と食卓を共にすると同時に、分隊と同じように、戦闘や課業において働く単位となるのである。分隊長の下で彼を補佐する士官（特務士官、准士官含む）が分隊士である。戦闘幹部と各科の長（加えて副砲長）、および長付の士官は分隊には属さなかった。

分隊の編制

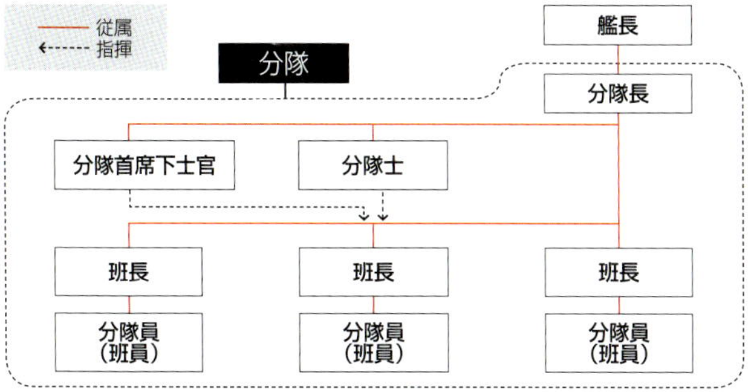

分隊士：分隊長の命を受けその職務を分担補佐する乗組士官、特務士官、准士官。
分隊首席下士官：分隊内の下士官のうち最古参の上等下士官のこと。上は分隊長、分隊士の命を受け、下は班長と密接に連携を取って分隊の結束を維持する。

戦艦「長門」の戦闘編制・常務編制と砲術科の指揮系統

「長門」には全21個分隊あり、砲術科だけで10個あった。
各科は右図で示した砲術科の例のように、縦の指揮系統で束ねられていた。

「長門」の艦内編制（昭和18年12月以降）

戦闘編制		常務編制
科名	戦闘配置	分隊番号
砲術	主砲砲台	1
	主砲砲台	2
	主砲砲台	3
	主砲砲台	4
	副砲砲台	5
	高角砲砲台	6
	機銃砲台	7
	主砲射撃幹部	8
	副砲射撃幹部	9
	測的部	10
通信	通信	11
航海	航海	12
内務	運用	13
	工作	14
	電機	15
	補機	16
飛行	飛行	17
機関	機械	18
	缶	19
医務	医務	20
主計	主計	21

「長門」の砲術科の系統図

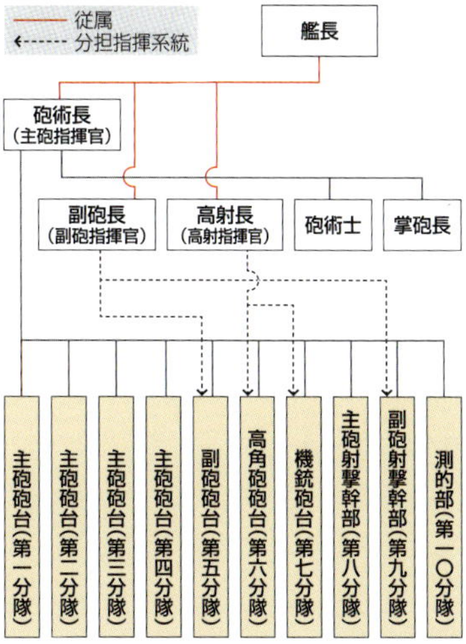

6-3 当直

中断のない軍艦の任務を支える仕組み

航海中の軍艦の機能には中断がない。しかし、艦長以下の乗組員には休息が必要だ。そのために導入されているのが「当直」という仕組みである。

航海中の軍艦の機能には中断はない。とりわけ指揮官である艦長は24時間、艦の状況を完全に掌握していなければならない。しかしこれは理論上のことで、人間である艦長には食事や休息の時間が欠かせない。そこで艦長が指揮から離れている間、彼の代理として艦に対するあらゆる責任を負うのが**当直将校**である。原則として、当直将校は副長を除く**分隊長**以上の兵科将校が交代で勤務する。

その主な仕事の内容は、艦橋で操艦に当たり、艦の安全を保ち、日課を監督し、各部からの報告を逐次受けて迅速に対処し、**衛兵司令**、**甲板士官**、**先任衛兵伍長**らを指揮して艦内の規律を維持し、そして当直交代の際には次直の者に艦の詳細な現況を確実に申し継ぐことである。当直将校の責任と権限は共にきわめて重大であり、航海あるいは操艦について航海長と意見が衝突した場合、当直将校は異議を唱えることが規則により許されていた。中型～大型艦においては、当直将校の補佐役として**副直将校**が置かれたが、これは兵科の初級士官が交代で務めた。

同じように機関科では、機関長の代理として**機関科当直将校**が*主《もと》機《き》の運転、燃料真水の管理、バラストの管理、防水扉の管理等に全責任を負った。大型艦では**機関科副直将校**が補佐に当たったのも兵科と同じである。

当直将校と機関科当直将校を筆頭に、操舵、航海、見張り、伝令、電信、衛兵、主機、罐、補機、電機等々艦内の全ての緊要な配置に**当直**が置かれていて、昼夜を問わず人が離れることはなかった。

当直任務に就いていない手空きの兵員を**両舷直**と総称した。露天甲板洗い方を始め、人数を必要とする作業に当たるのがこの両舷直員である。ちなみに兵員は必ず「右舷」「左舷」の半数ずつのいずれかの区分に所属しており、二直交代や半舷上陸はこれを単位として行われた。

＊＝推進機関（罐やタービンなど）のこと。

下士官の主な当直勤務

当直伝令
通常は上甲板または最上甲板にあって伝令に従事する。
当直衛兵伍長
当直衛兵を指揮、艦内の守備・警察および伝令に従事し、 停泊中は舷門（艦艇の舷側や上甲板に設けられた出入口）を監視する。
当直衛兵
各所定の場所で勤務を行い、艦内の守備・警察・伝令に従事する。
当直取次
通常は上甲板または最上甲板で勤務する。
艦橋当直
艦橋、見張り所、信号所で勤務し信号・見張り・ラッパ伝令に従事する。
電信当直
無線電信室で勤務し、無線電信電話の送受信に従事する。
電話当直
電話交換室で艦内電話の交換に従事する。
舵輪当直
舵取室で操舵に従事する。
航海当直
各所定の場所で機関室への通信、信号標の操作、航海灯の監視または艦外見張り等に従事する。

舷門を監視する当直衛兵＝番兵（写真左）。将官の来訪。館長他、当直将校、当直衛兵伍長、当直取次らが絃門で出迎えて敬礼を行う（上）。

勤務の形態、配置の種類

軍艦の乗組員の勤務形態には大きく航海直、哨戒配備、戦闘配備があった。また、「部署」、つまり乗員の配置も、想定される状況ごとにいくつものパターンがある。

洋上における軍艦の乗員の当直勤務には、四直つまり四交代制から三直、二直、そして全直つまり交代なしの総員配置までの各段階があった。もっとも緩やかな四直はまったく危険のない状況下での航海、民間の船舶と同じ**航海直（航海配置）**で用いられる。

危険の予想される状況下では、3段階の**哨戒配備**が発令される。もっとも段階の低い艦内哨戒第三配備は三直、同第二配備は二直、同第一配備が全直となる。平時でも軍艦は艦内哨戒第三配備で行動することが多いが、第二、第一配備ともなれば乗員の疲労から、長時間にわたり持続することは困難である。

最後に、交戦状態の下で用いられるのが**戦闘配備**であるが、これは当然ながら全直であって、配員については艦内哨戒第一配備とほとんど変わらない。

以上の配備と密接に組み合わされるのが**部署**、つまり時々の任務に応じて令せられる配員区分で、これは配置と同義である。海軍ではいかなる状況にも柔軟に対処できるよう、きわめて多くの種類の部署が規則で定められていたが、それらは緊急性の違いによって戦闘部署、緊急部署、作業部署の3カテゴリーに大きくまとめられていた。

戦闘部署には合戦準備、戦闘、**陸戦隊**などがあり、**緊急部署**には防火、防水、防火隊派遣、溺者救助、人力操舵などがあった。そして**作業部署**には出港、入港、横付、曳船《ひきぶね》被曳《ひかれ》船《ぶね》、霧中航行、荒天準備、載炭準備などが含まれていた。

部署の終わりはたとえば「用意（または準備）元へ」の命令で宣言され、「解《わか》れ」で配員が解散し、「要具収め」で使用された装備が収納される。必要ならば、引き続き配置に残るべき当直員が指示される。荒天準備や載炭準備等の専門性より人手がものを言う部署は、やはり**両舷直**が主役である。

軍令承行令

太平洋戦争末期まで燻り続けた機関科への「差別」

近代海軍が直面した初期の問題は、一人の人間が複数の分野の専門家になるのは難しい、という事実であった。戦闘指揮を担任する兵科士官と、艦の管理と運用に責任を持つ機関科士官との職責上の、軍令上の、そして社会的な関係はどうあってしかるべきなのか？

アメリカ海軍では1899年（明治32）に兵科と機関科が完全に統合され、兵学校生徒は卒業後に初めて自らの職域を決める制度となった。イギリス海軍もこれに続き、1902年（明治35）に海軍兵学校が創立されると生徒は複数の分野の教育を一通り受けるものとされたが、1922年に再び兵科と機関科は分離されるに至った。日本海軍では、明治6年（1873）に**海軍兵学寮**に機関科設置、明治14年これを**海軍機関学校**に分離、明治20年これを廃校、明治23年兵学校に機関科再設置、明治26年機関学校復活、と試行錯誤を繰り返したが、兵科と機関科の統合は長くなされなかった。それは人事や教育上の問題のみならず、兵科士官＝武士を優位とする古い身分的な意識の規範が脱却され得なかったことに起因していた。

大正4年（1915）の**軍令承行令**は、機関科士官に正式に将校の身分を与えた一方で、彼らの戦闘指揮権継承の順位を無条件で兵科将校の下に置いた。つまり艦長以下兵科士官の大部分が戦死傷しても、学校を出たばかりの兵科の少尉が健在ならば、佐官である機関長ではなく彼が指揮を執るのである。当然、機関科士官たちは不満を持ちこれを改正させるべく運動を開始した。これが「機関科問題」あるいは「軍令承行令問題」である。しかし彼らの粘り強い抗議にもかかわらず、状況はいっこうに変わらなかった。昭和17年（1942）11月の承行令改正では兵科、機関科の呼称、階級、身分の区別が消滅したがこれは表向きで、実際には将校（兵）、将校（機）という形で軍令上の「差別」はあくまで残ったのである。未曾有の総力戦の圧力についに抗しきれず、日本海軍が指揮統制の合理化を断行し、この「差別」が完全に廃されたのは、ようやく昭和19年（1944）8月20日の、最後の承行令改正によってであった。

階級① 士官

海軍の中核を成すエリート

海軍士官は海軍三校出身者や軍医学校出身者を主体として構成されたが特務士官や予備士官など、下士官や民間から採用する仕組みもあった。

艦艇および部隊の指揮を執る海軍**士官**は、将校および将校相当官で構成されていた。基本的に**兵科・機関科**（昭和 17 年 11 月 1 日の改正後は兵科に統合）士官のみが**将校**で、他の科の士官は**将校相当官**扱いとなっていた。また士官のうち、基本的に兵科・機関科・**主計科**の士官は**海軍三校**出身者が任官し、軍医科と薬剤科は海軍軍医学校出身者が主体で、一般大学および高等専門学校卒業の志願者も採用された。造船、造機、造兵、水路科（同改正で技術科に統合）は一般大学および高等専門学校卒業者からの選抜採用のみだった。この他に下士官兵から叩き上げて士官となった**特務士官**も存在するが、数は非常に少なかった。

初級士官の充足拡大のため、大正 14 年（1925）度より大学および高等学校卒業者を教育して士官に採用する**短期現役士官制度**が、昭和 3 年（1928）には大学生を士官の候補者とする委託学生制度が、昭和 13 年度には技師・技手から技術士官に特別任用しうる制度が新設された。一方、平時には民間にあり戦時のみ召集される**予備士官**は、高等商船学校および水産講習所・水産専門学校の遠洋漁業科の卒業者、大学および大学予科、加えて高等学校・専門学校と同等以上の学校の卒業生で、海軍予備学生の教程を修了した者が任用された。

士官の階級は下から尉官、佐官、将官の 3 種類に大別され、日本の場合それぞれが小・中・大の 3 階級に分かれる。尉官については、特務士官の場合は同じ中尉職でも特務中尉と呼ばれた。佐官では特務士官でも「特務」の文字はつかない。特務士官の最高位は中佐だが、戦前は退役直前に少佐に進級するのが常で、少佐職で現役を長く務めたものはほとんどない。なお、大尉大佐は、陸軍は「たいい」「たいさ」と呼ぶが、海軍では「だいい」「だいさ」と呼称した。将官位については、戦隊司令官に当たる代将職が制度上は存在したが、階級としては存在しないこと、**元帥**が名誉称号であって階級としては存在しないことなどの点が他国と異なっていた。

海軍士官・特務士官

● 昭和一七年一〇月三一日以前

		将校		将校相当官								
		兵科	機関科	軍医科	薬剤科	主計科	造船科	造機科	造兵科	水路科	歯科医科	法務科
士官	将官	大将										
士官	将官	中将		軍医中将		主計中将	造船中将	造機中将	造兵中将			法務中将
士官	将官	少将		軍医少将	薬剤少将	主計少将	造船少将	造機少将	造兵少将		歯科医少将	法務少将
士官		中佐	機関中佐	軍医中佐	薬剤中佐	主計中佐	造船中佐	造機中佐	造兵中佐	水路中佐	歯科医中佐	法務中佐
士官		少佐	機関少佐	軍医少佐	薬剤少佐	主計少佐	造船少佐	造機少佐	造兵少佐	水路少佐	歯科医少佐	法務少佐
士官	尉官	大尉	機関大尉	軍医大尉	薬剤大尉	主計大尉	造船大尉	造機大尉	造兵大尉	水路大尉	歯科医大尉	法務大尉
士官	尉官	中尉	機関中尉	軍医中尉	薬剤中尉	主計中尉	造船中尉	造機中尉	造兵中尉	水路中尉	歯科医中尉	法務中尉
士官	尉官	少尉	機関少尉	軍医少尉	薬剤少尉	主計少尉	造船少尉	造機少尉	造兵少尉	水路少尉	歯科医少尉	法務少尉

	特務士官・准士官							
	兵科	飛行科	整備科	機関科	工作科	軍楽科	看護科	主計科
特務士官	特務大尉	飛行特務大尉	整備特務大尉	機関特務大尉	工作特務大尉	軍楽特務大尉	看護特務大尉	主計特務大尉
特務士官	特務中尉	飛行特務中尉	整備特務中尉	機関特務中尉	工作特務中尉	軍楽特務中尉	看護特務中尉	主計特務中尉
特務士官	特務少尉	飛行特務少尉	整備特務少尉	機関特務少尉	工作特務少尉	軍楽特務少尉	看護特務少尉	主計特務少尉

昭和17年11月1日に制度が大幅に改正され、従来の機械科将校区分を撤廃して兵科に機関科を統合したのをはじめ、造船・造機・造兵・水路科を技術科へ一本化した。また特務士官の全階級から特務の二文字を外すなど、階級呼称の大改定も併せて行われている。なお、ここには示していないが、予備士官、予備准士官も存在した。

海軍士官の概要

①士官は将校と将校相当官で構成される
②兵科・機関科士官のみが将校
③兵科・機関科以外の士官は将校相当官扱い（時期により異なる）
④下士官から叩き上げた特務士官が存在する
⑤戦時のみ召集される予備士官がある
⑥代将・元帥は階級としては存在しない

6-6 階級② 准士官・下士官

士官と兵を繋ぐパイプ役

**下士官は兵の中から優秀かつ普通科練習生を修了した者が選ばれたが
さらに上位の技能を修得した「名人」は各部署における重鎮的存在となった。**

士官の下で小規模な部署・部隊を指揮し、兵と士官のパイプ役でもあるのが**下士官**である。下士官になるには、勤務成績優良な兵（一等兵、二等兵、進級資格を有する三等兵）で、**普通科練習生**（専門術科技能を付与するため、志願者から選抜される術科学校）の教程（6か月ないし9か月）を修了し、**特技章**を取得する必要があった。

下士官の階級は戦前は一等～三等兵曹の3等級で、昭和17年（1942）11月の改正で上等・一等・二等兵曹へと改称された。**准士官**である兵曹長には、下士官の最高位である上等兵曹（一等兵曹）で**海兵団**での准士官講習を受けた者が任命された。下士官の昇進に必須とされた普通科練習生の教程はあくまで各科における初歩の専門教育にすぎない。さらに上位の准士官を目指すには、大正元年（1912）に制定された「海軍特修兵令」に規定された**術科学校**の**高等科練習生**または**特修科練習生**を修了、艦隊や部隊勤務で特別技能を修めた**特修兵**となる必要があった。さらに特修兵は一定年限服役する義務があり、一等（上等）兵曹になるには15年かそれ以上の任期を要した。それだけに古参の一等兵曹はその部署での重鎮的存在となり、最先任の者で勤務成績良好なものは**先任下士官**として兵と士官を繋ぐ役割を果たした。

太平洋戦争中における海軍の兵力拡大に伴い、下士官の需要も増大したが、旧来の方式では必要な数を賄うことができなかったため、昭和19年に**幹部練習生制度**が創設された。これは海軍兵として入団した者の中で、中学卒業者を対象に下士官候補者として特別教育を行い、その課程を修了した者を下士官に任用する制度であった。幹部練習生は入団時より**兵長**として扱われ、課程修了時には二等兵曹（改正後の場合）となるが、成績優秀なものは一等兵曹として任用された。但し幹部練習生出身者は実地経験が少ないことが影響して、太平洋戦争末期に「最近は下士官の質が落ちた」と言われる要因を作った。

海軍准士官・下士官

●昭和一七年一〇月三一日以前

	准士官	下士官 一等下士官	下士官 二等下士官	下士官 三等下士官
兵科	兵曹長	一等兵曹	二等兵曹	三等兵曹
飛行科	飛行兵曹長	一等飛行兵曹	二等飛行兵曹	三等飛行兵曹
整備科	整備兵曹長	一等整備兵曹	二等整備兵曹	三等整備兵曹
機関科	機関兵曹長	一等機関兵曹	二等機関兵曹	三等機関兵曹
工作科	工作兵曹長	一等工作兵曹	二等工作兵曹	三等工作兵曹
軍楽科	軍楽兵曹長	一等軍楽兵曹	二等軍楽兵曹	三等軍楽兵曹
看護科	看護兵曹長	一等看護兵曹	二等看護兵曹	三等看護兵曹
主計科	主計兵曹長	一等主計兵曹	二等主計兵曹	三等主計兵曹

●昭和一七年一一月一日以後

	准士官	下士官 上等下士官	下士官 一等下士官	下士官 二等下士官
兵科	兵曹長	上等兵曹	一等兵曹	二等兵曹
	飛行兵曹長	上等飛行兵曹	一等飛行兵曹	二等飛行兵曹
	整備兵曹長	上等整備兵曹	一等整備兵曹	二等整備兵曹
	機関兵曹長	上等機関兵曹	一等機関兵曹	二等機関兵曹
	工作兵曹長	上等工作兵曹	一等工作兵曹	二等工作兵曹
軍楽科	軍楽兵曹長	上等軍楽兵曹	一等軍楽兵曹	二等軍楽兵曹
看護科	衛生兵曹長	上等衛生兵曹	一等衛生兵曹	二等衛生兵曹
主計科	主計兵曹長	上等主計兵曹	一等主計兵曹	二等主計兵曹
技術科	技術兵曹長	上等技術兵曹	一等技術兵曹	二等技術兵曹

兵から下士官・准士官への昇進

- *一等兵、二等兵、三等兵（進級資格を有する者） →（受験）→ 普通科練習生（特技章を取得） →（選抜）→ *下士官（一等～三等兵曹）
- 昭和19年に創設：下士官候補者 →（特別教育）→ 幹部練習生 →（任用）→ *下士官（一等～三等兵曹）
- *下士官（一等～三等兵曹） →（受験等）→ 高等科練習生 特修科練習生ののち 艦隊・部隊勤務 →（特修兵）→ 一定年限の服役 →（選抜）→ 准士官（兵曹長）

＊一等兵、二等兵、三等兵、一等～三等兵曹の階級区分は昭和17年（1942）11月1日の改正以前のもの。

飛行科の下士官・兵

飛行科の下士官・兵になるには海兵団の教育を終えて練習航空隊で訓練を受けるルートと、昭和4年（1929）に創設された予科練習生（予科練）になるルートがある。予科練の少年飛行兵は昭和12年に甲種となり、さらに乙種が加わり、昭和15年には丙種（一般兵から採用）も新設された。甲種（中学3年または4年修了）・乙種（高等小学校卒業）の採用者は入隊後、二等飛行兵を振り出しに、2年半から4年の訓練を経て下士官（一等または二等飛行兵曹）となった。左の写真は土浦海軍航空隊の予科練習生（右）と訓練風景。

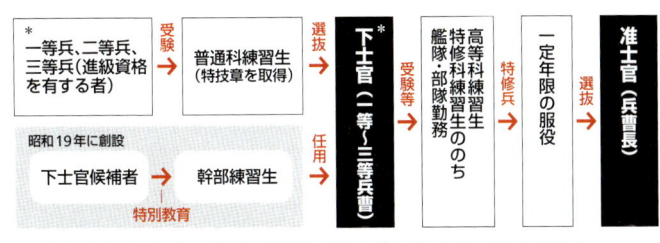

階級③ 兵

海軍はいかに兵を確保したか また陸軍との兵役の違いはなにか

海軍兵の徴兵は陸軍に徴収人数の決定権があったため、海軍は志願制を創設し、独自に兵の徴募を行うことで人員を確保していた。

兵は軍隊の骨幹をなす存在である。強力な艦を就役させても、優秀な兵を得られなければその能力を発揮できず、単なる宝の持ち腐れになる。それだけに優秀な兵の確保は軍組織にとっては死活問題ともいえた。日本海軍における兵の採用は、陸軍と同様に**徴兵**と**志願兵**による。徴兵は満20歳になると実施され、人選は太平洋戦争前の場合、沿海地方および島嶼の成年男子を調査し、海軍の各科ごとの適性に従って分け、抽選で当たった者をこれに充てていた。だが日本の徴兵制度は、徴収人数の決定権が陸軍側にあったため、陸軍が拒否した場合には兵の徴収ができないという問題があった。

昭和2年（1927）12月以降に開始された海軍の志願兵制度は、陸軍との徴収人数決定問題を避けて海軍が独自に兵を徴募できるようにする目的で創設された。当初志願兵の採用年齢は、基本的には17歳以上20歳以下とされていたが、特殊技能の教育が必要となる電信兵や航空兵は15歳以上と、より下限が低くされていた。またのちには全科が15歳以上16歳未満での採用が可能となった。昭和17年（1942）8月の通達により、水測兵等の兵種によっては14歳以上16歳未満の志願者を**練習兵**として採用することも可能となり、これは**海軍少年水兵（海軍特年兵）**として従前の志願兵と区別する措置が採られた。

常備兵役（**現役**および**予備役**）は陸軍より1年長く4年となっており、3年で現役を終わった者は予備役に服した。常備兵役を終了すると、以後5年間は**後備役**兵として扱われる（のちに予備役と後備役は統合された）。年度の所要現役兵員数を上回った場合は**補充兵役**（最長2年）に就くが、人員数に余裕があった戦前は補充兵役経験のみで軍隊に入らなかった者もいる。

兵の階級は3等級に分かれており、戦前は一等・二等・三等水兵と呼称されていたが、昭和17年11月の改正で旧三等水兵と二等水兵は二等および一等水兵に、一等水兵は兵長へと呼称が変更された。

海軍兵

●昭和一七年一〇月三一日以前

	兵			
	一等兵	二等兵	三等兵	四等兵
兵科	一等水兵	二等水兵	三等水兵	四等水兵
飛行科	一等飛行兵	二等飛行兵	三等飛行兵	四等飛行兵
整備科	一等整備兵	二等整備兵	三等整備兵	四等整備兵
機関科	一等機関兵	二等機関兵	三等機関兵	四等機関兵
工作科	一等工作兵	二等工作兵	三等工作兵	四等工作兵
軍楽科	一等軍楽兵	二等軍楽兵	三等軍楽兵	四等軍楽兵
看護科	一等看護兵	二等看護兵	三等看護兵	四等看護兵
主計科	一等主計兵	二等主計兵	三等主計兵	四等主計兵

●昭和一七年一一月一日以後

	兵			
	兵長	上等兵	一等兵	二等兵
兵科	水兵長	上等水兵	一等水兵	二等水兵
	飛行兵長	上等飛行兵	一等飛行兵	二等飛行兵
	整備兵長	上等整備兵	一等整備兵	二等整備兵
	機関兵長	上等機関兵	一等機関兵	二等機関兵
	工作兵長	上等工作兵	一等工作兵	二等工作兵
軍楽科	軍楽兵長	上等軍楽兵	一等軍楽兵	二等軍楽兵
看護科	衛生兵長	上等衛生兵	一等衛生兵	二等衛生兵
主計科	主計兵長	上等主計兵	一等主計兵	二等主計兵
技術科	技術兵長	上等技術兵	一等技術兵	二等技術兵

海軍兵の徴募方法と兵役

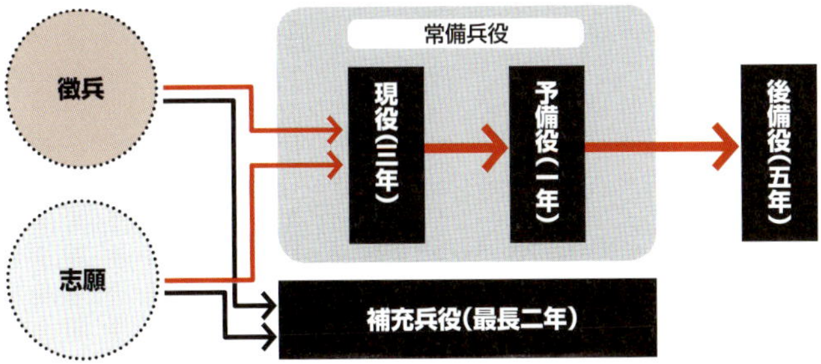

昭和9年(1934)頃の海兵団入団希望者の体格検査。身長152センチ以上の身体頑健な者が甲種、基準に満たなくとも現役を希望する者、抽選に外れた者が乙種が合格とされた。

冬用、夏用、略装の3種がある

軍装には大別して冬用の第一種軍装、夏用の第二種軍装があり、それに加えて、元は陸戦隊のものだった略装が第三種軍装となった。

《士官》太平洋戦争時、士官が通常着用する軍装は冬用の**第一種軍装**、夏用の**第二種軍装**、太平洋戦争中に制式化された**第三種軍装**の三種類があった。

ホック留めでボタンがない詰め襟の紺色の上着が特徴的な第一種が制定されたのは明治22年（1889）で、制定時には**袖章**（黒色）で階級を示していた。だがのちに階級が分かりづらいとされて、大正8年（1919）に階級章として**襟章**が追加された。正帽には桜葉等をあしらった大型の前章が付いており、昭和17年4月1日以前は兵科以外の士官の場合、所属科を示す識別線も付いていた。夏用の第二種は服地が白という点以外は、当初第一種と同様の形態だった。しかし日露戦争前の明治33年（1900）に留めがホックから金ボタン、階級章が袖章から**肩章**になり、太平洋戦争終結まで変わらなかった。上着が詰め襟ではなく背広形式の折り襟式で4つボタンの第三種は元来、陸戦隊用の制服で、服地が海軍の制服には珍しい草色なのはその影響であった。第三種が制定されたのは昭和19年（1944）夏のことだが、すでに昭和18年に戦地勤務用の略装として制定されていたこともあり、同年以降、実戦部隊では広く使われていた。なお、士官の制服には短剣が含まれるが、海上勤務の際にはコンパスが狂ったり邪魔になったりする等の理由で付けないのが通例だった。

《下士官・兵》下士官の第一種は士官のものと同様の詰め襟式のジャケットだが、前留めがボタンであること、階級が襟章ではなく**肘章**で示されていることなどの相違点がある。第二種は服地が白地であることを除けば、ほぼ第一種と同様であった。正帽も士官と同型だが、前章はより小型だった。

水兵は夏冬共に水兵帽とセーラー服型式の制服だったが、軍楽隊と海軍予科練習生のみは7つボタンの詰め襟型上着を使用している。下士官・兵用の第三種はともに士官用と形状がほぼ同じだった。また、艦内では作業用として通常の軍装とは別に事業服を着用するのが常だった。

士官・下士官・水兵の軍装

士官

少佐(第一種軍装)

軍医大尉(第二種軍装)

陸戦隊・中尉(第三種軍装)

下士官

上等兵曹・甲板長
(第一種軍装)
特修兵・善行章二線

二等機関兵曹
(第二種軍装)
特修兵・善行章一線

水兵

水兵長
(第一種軍装、略帽)
善行章一線

上等看護兵
(第二種軍装、正帽)

記章

階級や科、各種教程修了者を示す

階級や所属する科、普通科練習生などの各種教程の修了者であること等を示すため、海軍軍人は軍装にさまざまな記章を付けていた。

《士官》戦時中における士官の軍装には、基本的に階級を示ための記章（**襟章**、**肩章**、**袖章**）が施されていた。一種軍装には襟章と袖章をつける。**襟章**の場合、尉官は金細線１本・佐官は金線２本・将官は金太線１本の上に、階級位を示す桜の記章が１（小）・２（中）・３（大）個あしらわれていた。また大尉以下の特務士官の階級章は、尉官を示す金細線が通常の士官のものより細かった。兵科以外の士官の襟章には科を示す各色の線が襟章の上下に施されていた。

第二種軍装で用いられる**肩章**は、階級を示す金線および桜の記章のあしらいは襟章と同じだった。一方、儀礼用の正装と礼装には、帆船時代の海軍士官と同様の金モールをあしらった大仰な肩章が使用された。

正装・礼装と**第一種軍装**には**袖章**があり、**礼装で**は金モールだが一種軍装では黒色であった。袖章も大尉以下の特務士官および予備士官と通常の士官で形状が異なり、兵曹長も軍楽隊とその他の科では異なっていた。

《下士官・兵》右袖に付けられた科と階級を示す肘章は、戦前はそれぞれの科をイメージさせる物がデザインされ、かつ階級ごとにデザインの異なる円形の**肘章**（→176頁上）が用いられたが、昭和17年（1942）の改正に併せて、より単純化された五角形の肘章に改められた（→176頁下）。

下士官の**特技章**は左袖中部に付けられており、昭和17年以前はこれも科によって形状が違ったが、同年以降黄色の桜に統一された（→177頁）。但し普通科と高等科・特修科の特技章の桜は若干形状が異なる。

入団後３年を大過なく過ごすと貰える普通善行章は右袖の階級章の下に付けられた。**善行章**は最大５本付けることができ、これを何本も並べて「洗濯板」と呼ばれる状態となった下士官は、部下より畏敬の念を持たれたという。中央に桜のマークがある特別善行章は、戦功を上げた者に与えられるもので、これを持つ兵・下士官は限られていた（→177頁）。

士官の階級章

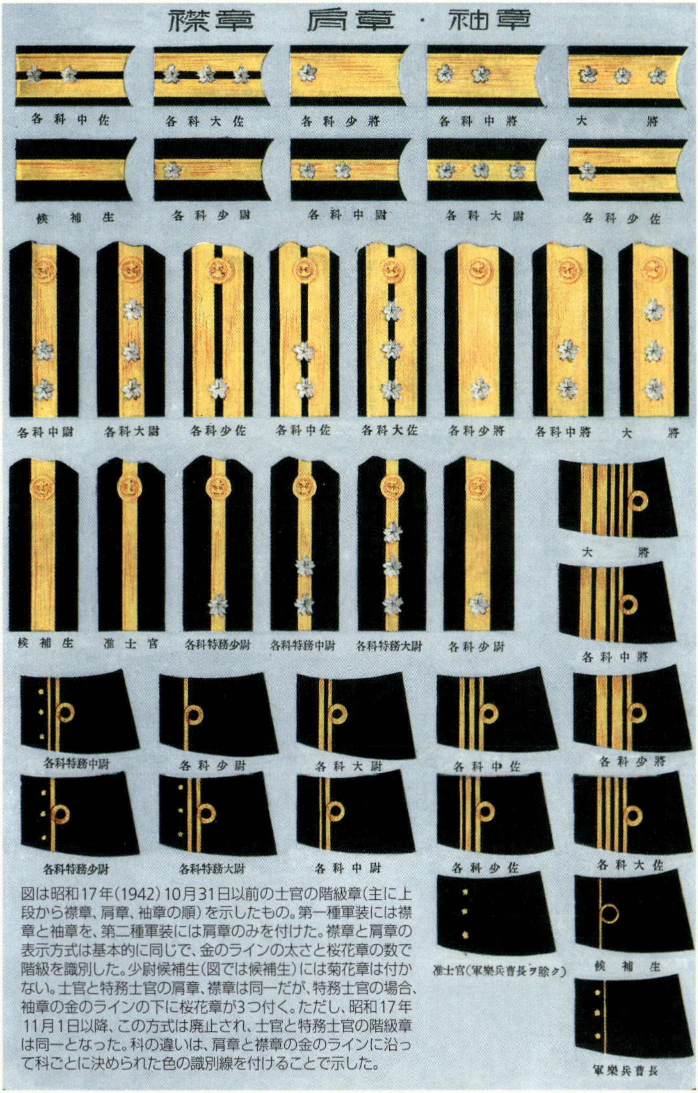

図は昭和17年（1942）10月31日以前の士官の階級章（主に上段から襟章、肩章、袖章の順）を示したもの。第一種軍装には襟章と袖章を、第二種軍装には肩章のみを付けた。襟章と肩章の表示方式は基本的に同じで、金のラインの太さと桜花章の数で階級を識別した。少尉候補生（図では候補生）には菊花章は付かない。士官と特務士官の肩章、襟章は同一だが、特務士官の場合、袖章の金のラインの下に桜花章が3つ付く。ただし、昭和17年11月1日以降、この方式は廃止され、士官と特務士官の階級章は同一となった。科の違いは、肩章と襟章の金のラインに沿って科ごとに決められた色の識別線を付けることで示した。

昭和17年10月31日以前の下士官・兵の階級章（肘章）

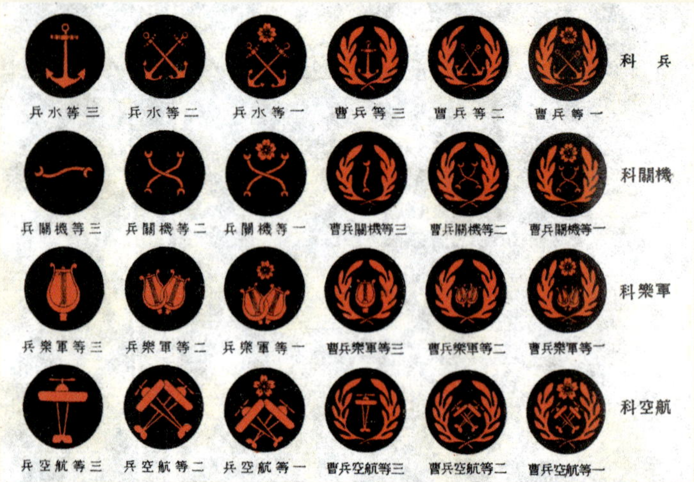

上図は昭和17年10月31日以前の下士官兵の階級章（正式には官職区別章）で、右肘に付けた。所属科と階級の両方が示されており、兵の場合、三等兵はその科を表すマークがひとつ、二等兵はふたつ、一等兵は二等兵のマークの上に桜花章が付く。下士官の場合は、兵のそれぞれのマークの周りを桜葉が囲む形となっていた。つまり桜葉の内側に、三等兵曹は三等兵の、二等兵曹は二等兵の、一等兵曹は一等兵のマークが入る。ちなみに海兵団所属の四等兵には階級章はなく、濃紺の冬服を着たその外見から「カラス」と呼ばれた。
昭和17年11月1以降この方式はガラリと変わり、錨、桜花、桜葉、横線で表示する盾型のものになった（下写真）。これはいずれの科でも共通で、科ごとの個性的なマークは廃止され、科の違いは桜花章の色で区別するようになった。

昭和17年11月1日以降の下士官・兵の階級章（肘章）

デザインは各科共通で、科ごとの識別色で色分けされた桜花（各科識別章）が付けられている。

特技賞・善行賞

左は普通善行章と、特別善行章（一番下）。これらを与えられた者には、善行章加俸が給せられた。

上の特技章は、各種術科学校の練習生教程を卒業した下士官兵（特修兵と呼ばれた）に与えられた。

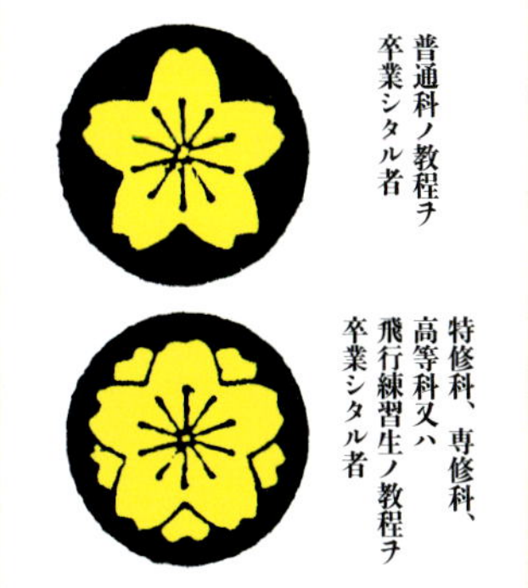

昭和17年11月1日以降の特技章。直径12ミリの円形黒地に黄色い桜花のマークが入る。

特技章とは「普通科練習生」「高等科練習生」教程などを修了した下士官が左袖につけた記章で、上図のように術科ごとに、また普通科と高等科その他でもデザインが異なっていたが、昭和17年11月1日の改正で一変した。左図のように普通科練習生修了者は桜花ひとつ、高等科その他は八重桜のマークとなり、術科の区別は示されなくなった。善行章は下士官・兵が右肘の階級章の上に付けた記章で、普通善行章と特別善行章の二種類があった。前者は、兵として海軍に入隊してから3年間勤務に励み、品行方正であると一線のものが与えられ、以後3年ごと二線、三線と数が増えたものを付けた。例えば、三線を付けた人物は9年間は特に問題なく勤務してきたことが分かる。後者は特に勇敢な行為を行ったか、勤務態度が特に優れ、他の模範となる者に与えられ、前者の上に付けた。

6-10 教育① 海軍兵学校、海軍大学校

兵科士官を養成する兵学校と“最高学府”海軍大学校

旧制高校合格クラスの生徒が入学した兵学校と優秀な現役海軍士官が修学した海軍大学校。いずれも将来の日本海軍を背負う士官を育てる教育機関だった。

海軍大臣の直接隷下にある**海軍三校**のうち、**海軍兵学校**は海軍の要を成す兵科士官の養育のために設立されたもので、明治3年（1870）の開校当時は**海軍兵学寮**と呼称されており海軍兵学校に改称されたのは明治9年のことだった。当初兵学校は東京の築地にあったが、世事の外聞や都会の喧騒を避けて教育に打ち込めるよう僻地に移転することとなり、明治21年（1888）8月、開設して間もない呉鎮守府に近い江田島へと移転した。

兵学校の受験資格は、旧制中学校を卒業もしくは第4学年を修了した者のうち海軍士官を志望する者で、試験による選抜の上で採用した。海軍士官には優秀な人材が必要という考えからその選抜基準は非常に高く、入学するには当時の第一高等学校に合格出来るだけの頭脳が必要だったといわれている。

兵学校では座学として一般教養および軍事関係の講義のほか、海軍士官として必須となる頑健な肉体を作るための各種稽古や漕艇などの実技が行われた。教育期間は基本的に4年であったが日中戦争以降は3年に短縮された。これらの教育のほか、海軍士官は往々にして貴族出身者が多い他国の海軍士官と交流する必要があるため、「士官である前にまず紳士であれ」とされて、礼儀作法やトランプを始めとする各種遊戯の手ほどきも行われた（明治7年には兵学寮にビリヤード台を設置するための予算が取られたほどである）。

海軍大学校は一定年数の海上勤務を経験した海軍士官に対し、将来海軍で枢要職務に就いてもその任を全うできる学術智識技能を持たせることを目的として明治21年に設置された。学生は甲種学生、航海学生、機関学生のほか、外国語専修および理工学・文科・法律等を専攻する専科学生などがあった（時期により異なる）。昭和12年（1937）の日中戦争勃発後は中堅士官不足の影響で学生の配員が困難となったため採用を隔年とするなど規模を縮小しつつ継続したが、昭和19年（1944）3月に第39期生が卒業した後に事実上閉鎖された。

海軍兵学校と海軍大学校

かつての海軍兵学校は現在、海上自衛隊幹部候補生学校や第1術科学校になっており。兵学校時代の建物が使われている。写真は第1術科学校学生館。

兵学校の広場を行進する生徒。建物は新生徒館。

東京·築地にあった頃の海軍大学校(明治42年頃)。関東大震災で罹災し、昭和7年(1932)に東京·上大崎の陸軍衛生材料廠跡に移転した。

軍艦の大型模型を前に講義を受ける海軍兵学校の生徒たち。

士官の教育·養成の流れ(兵科の場合)

海軍兵学校 → **練習航海** → **部隊勤務** → **配属** → **術科学校(高等科練習生)** → **艦隊での実地勤務** → **海軍大学校(甲種学生課程)**

- 海軍兵学校：教育期間は約3年。卒業後は海軍少尉候補生となる。
- 練習航海：平時では、外国遠洋航海を含む練習航海を実施。
- 部隊勤務：実地勤務のあと、海軍少尉に任官。
- 術科学校(高等科練習生)：教育期間は約1年(平時)。おおむね大尉に進級すると入校した。また、飛行将校になる士官は、少尉か中尉のときに霞ヶ浦航空隊の飛行学生コースに進む。
- 海軍大学校(甲種学生課程)：教育期間は2年。兵科士官の最高学府。

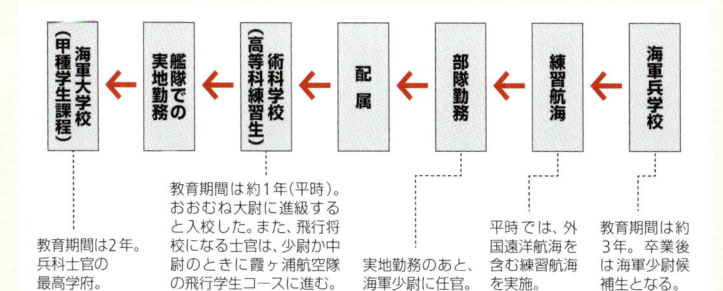

教育② 海軍機関学校、経理学校、軍医学校

兵科以外の士官の教育を担う

海軍兵学校・海軍大学校に次ぐ重要な学校として士官を養成したこれらの学校は、幾多の変遷を経ながらも多くの優秀な人材を生み出した。

造兵関係に携わる**機関科**の士官養成を担当した**海軍機関学校**は、明治7年（1874）に兵学校の分校として開校され、完全に独立したのは明治11年のことだった。この後一時的に兵学校に吸収されて消滅したが、明治26年（1893）に復活した。機関学校は当初東京の築地にあったが、明治26年に横須賀へ移転、その後、大正14年（1925）に舞鶴に新校舎が完成して同地に移転した。

機関学校は機関科の士官教育だけでなく、術科学校として機関科の普通科学生、高等科学生、専科学生の教育にもあたり、機関科の下士官・兵を教育する**海軍工機学校**が廃止されていた時期（大正3年～昭和3年）は、同校が行っていた教育も担当していた。また機関技術・艦内設備を含めた艦艇艤装品・機械工学・科学技術の研究および試験なども行っていた。機関科の士官は将校相当官であり、将校たる兵科士官に命令できる権利を持っていなかった。だが太平洋戦争開戦後、幹部要員となる兵科士官が絶対的に不足したため、機関科の士官を兵科士官として任用できるように、昭和19年（1944）8月の**軍令承行令改正**で兵科と機関科を区別するという規定が削除された。これに伴い海軍機関学校も同年10月に兵学校舞鶴分校となり、工機学校が機関学校の名称を引き継いだ。

各種の補給業務や予算編成を担当する**主計科**士官を養成するのが**海軍経理学校**で、日中戦争前は毎年10～30名程度しか合格できないという超難関であった。日中戦争勃発後に採用枠は拡大されたが、それでも主計科士官の数が足りないため、多くの短期現役士官を主計科士官として採用することになった。

海軍軍医学校は文字通り軍医と歯科医師、薬剤師の教育に当たった。戦時には軍医学校だけでは必要な要員の教育ができなかったため、軍医学校の分校として**海軍衛生学校**が設立された。経理学校、軍医学校、衛生学校は術科学校としての機能も持っており、士官の普通科と高等科および専科学生としての教育や、下士官および兵の教育も行っている。

機関学校・経理学校・軍医学校の修業科

- **機関学校**
  - 機関科士官教育
  - 専修学生（機関科特務士官養成）
- **経理学校**
  - 甲種学生
  - 乙種学生
  - 補修
  - 選科
  - 専修学生
  - 普通科練習生
  - 高等科練習生
    - 主計科下士官、兵の教育
- **軍医学校**
  - 高等科
  - 普通科
  - 選科
  - 専修科（看護兵・特務士官の養成）
  - 賀茂衛生学校（広島県賀茂郡）
  - 戸塚衛生学校（横浜市）

海軍機関学校は現在、海上自衛隊舞鶴地方総監部になっている。写真はそのうちの海軍記念館で機関学校時代は大講堂だった。

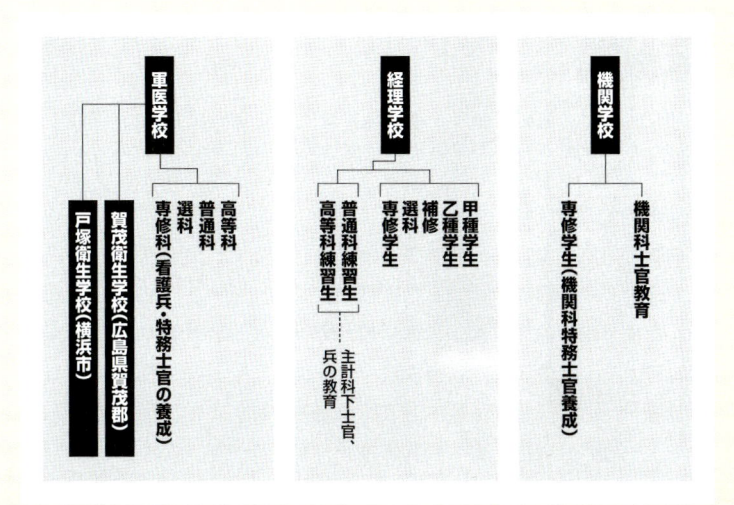

教育③ 術科学校

専門技能を修得するための教育機関

海軍三校に対して、術科学校は士官だけでなく下士官や兵も含め、砲術、水雷、電測といった、特定の分野の技能を修得させるための学校であった。

各種の**術科学校**は士官・下士官・兵に対し、必要となる専門技能を習得させるための機関であった。各術科学校は所在地を管轄する鎮守府司令長官に属しており、その教育内容は海軍大臣の権限で定められていた。戦前の段階では**砲術学校**、**水雷学校**、**通信学校**、**航海学校**、**機雷学校**、**潜水学校**、**工機学校**があった。戦時中には機雷学校は**対潜学校**へと改称、工機学校は舞鶴の機関学校の兵学校分校化に伴い、機関学校へと名称が変更された。また通信学校から分岐したレーダー要員育成のための**電測学校**や、軍医見習及び薬剤／歯科医見習尉官と練習生の教育を担当する**衛生学校**、また航海学校から独立した**気象学校**、工機学校の工作術教育を移譲した**工作学校**などの新設なども行われた。

一定期間海上勤務を経験した後に入学してくる、士官の**普通科学生**の場合は、初級士官としての職務遂行に必要な智識・技能の習得を目的とする教育を行った。実戦部隊である程度の経験を積んでから入学する、士官の**高等科学生**と**専攻科学生**は、専門術科を志願する者を試験の上で入学させ、高等専門の技能を習得させた。術科学校の高等科・専科を卒業した者はその術科のエキスパートと見なされた。また、技術科を含めた一般大学出の士官に対する軍隊教育は横須賀砲術学校で行った。下士官については168頁で述べたように、**普通科・高等科・特修科練習生**の教育を担当した。兵については、特殊技能が必要となる通信や工作を含めた各科への配員予定とされた者の教育を担当した。

太平洋戦争開戦後、海軍軍人の急増に伴い、採用人員の素質低下、教育期間の短縮並びに教育の不正常化が昂進し、各部隊の術力低下が甚だしくなった。これを防ぐため戦時中には各種術科学校には多くの分校が設置されて教育の強化に努めたが､昭和20年（1945）6月に本土決戦に備えた教育緊急措置により、諸学校を閉鎖もしくは縮小の上で、その教官・学生・練習生を本土決戦兵力に動員する措置が採られている。

各種術科学校の課程

潜水学校（呉→大竹）

普通科 高等科 特修科 専攻科

甲種は潜水艦長養成。いずれの科も兵科と機関科の課程を履修した。

機雷学校
↓
対潜学校（久里浜）

普通科 高等科 特修科 専攻科

航海学校（横須賀）

普通科 高等科 特修科 専攻科

昭和19年（1944）7月1日
分校として開設
昭和20年3月1日独立
↓

気象学校（茨城県阿見村）

普通科 高等科 特修科 専攻科

通信学校

横須賀通信学校
防府通信学校

高等科学生 普通科学生 特修科学生 専攻科学生 高等科練習生 普通科練習生 特修科練習生

昭和19年（1944）
4月20日独立
↓

電測学校（藤沢）

普通科 高等科 特修科 専攻科

軍医学校の関連機関

戸塚海軍病院練習部 → 戸塚海軍衛生学校
賀茂海軍病院練習部 → 賀茂海軍衛生学校

衛生学校

戸塚海軍衛生学校
賀茂海軍衛生学校

普通科 高等科 特修科 専攻科

水雷学校（横須賀）

横須賀通信学校
防府通信学校

普通科 高等科 予科

砲術学校

横須賀砲術学校
館山砲術学校

普通科 高等科 練習科 予科

工作学校

横須賀工作学校（久里浜）
沼津工作学校

普通科 高等科 専攻科

工機学校
↓
機関学校（横須賀）

横須賀通信学校
防府通信作学校

普通科 高等科 特修科 専攻科

通信学校での実習風景。モールス信号を徹底的に叩き込まれた。

久里浜の横須賀海軍工作学校の実習風景。工作学校では艦艇・航空機の修造・整備、設営・築城などの工作術が教育された。

6-13 教育④ 海兵団

海軍新兵の教育の場

召集・志願を問わず、新兵は各鎮守府に所属する海兵団の練習部で水兵となるための基本教育を受け、一定レベルに達すると艦艇や各部隊に配属された。

海兵団は軍港の警備防衛、所轄の**鎮守府**に属する艦艇部隊への下士官・兵の補充、また、徴兵および志願で海軍に入籍した新兵の教育に当たる機関であった。これに加えて、海兵団内に置かれた練習部は、術科学校と同様に一部の科の下士官に対する普通科／高等科／特修科練習生としての教育を行っていたほか、軍楽隊等の特殊技能を要する兵の教育も担当していた。

このうち新兵教育は、海軍の艦船および部隊に配員できるレベルまでの基本教育を担当していた。教育期間は通例6か月であったが、日中戦争勃発後の海軍兵力の拡大により、早期に兵員を実戦部隊へ配員する必要が生じたため、爾後の教育期間は4～5か月程度に短縮されている。入団時における水兵の階級は、戦前には四等水兵であったが、昭和17年（1942）に海軍の兵の階級が変更されたのに伴い、三等水兵扱いと変わっている。

教育時における日々の時間割は、朝5時の起床から夜21時30分の消灯まで、ほぼ停泊中の軍艦や陸上部隊の日課と同じだった。教育内容は精神教育と座学を含めた技術教育、武技・体技を含めた体育であった。実技・体育では炎天下での徒手・執銃教練、手旗教練、短艇操法、砲術の基礎訓練、結索術など、部隊配備後必要となるものをみっちりと仕込んだ。

また、海軍という組織を理解させる目的と、訓練の休養を兼ねて、海軍刑務所や海軍航空隊基地訪問を含めた海軍関連施設への見学や、景勝地への遠足等も行われた。

卒業前には配置前に「軍艦の生活」を体験させるため、1週間の艦務実習が行われるほか、陸戦演習として3泊4日程度で海兵団外での場外演習が実施された。この陸戦演習の後、軍楽隊を先頭にして海兵団へと帰団するのが、非常に誇らしくて感激した、と回想する人もいる。

海兵団の教育科目と組織

海兵団の教育科目

水兵	修身(勅諭、国史、講話)、砲術(艦砲教練、徒手教練、執銃教練、兵器概要、陸戦隊要務、小銃・拳銃射撃法)、水雷術(兵器・潜水艦概要)、運用術(短艇・櫓漕法、船体・船具概要、艦務概要、短艇概要)、航空術(種類、性能・用途)、雑科(普通学/読書・作文・算術・習字、手旗信号、口達伝令・報告、諸法規概要)、補科(体操、武術、体技、登檣、衛生、救急法)
電信兵	水兵の科目に加えて、電信電話の送受信技術、代数、英語
機関兵	修身、機関術、機関工学、砲術、運用術、雑科(水兵の科目に加えて砲熕水雷兵器概要、航空機概要)ほか
主計兵	修身、厨業、普通学、砲術、運用術、雑科、補科

海兵団の組織

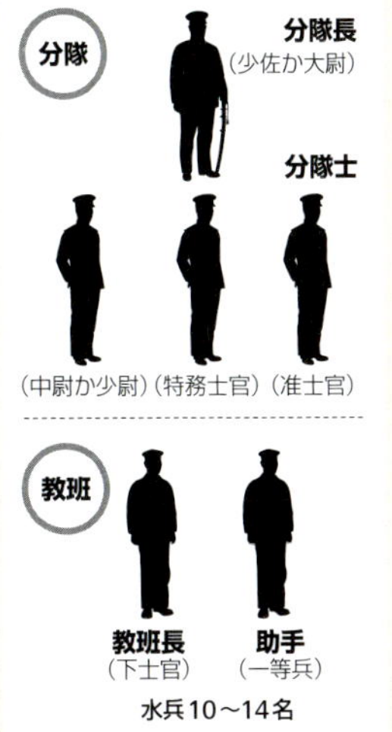

海兵団は全体で数千人から1万2000人(ピーク時は太平洋戦争終結直前)の人員がおり、それが100人から200人程度の分隊に分かれている。分隊は分隊長と数名の分隊士の下に、10〜14人の水兵からなる教班が10〜12個集まって構成されている。

横須賀海兵団の手旗教練。士官、下士官、水兵を問わず手旗信号は必須の科目である。遠くに見える軍艦は記念艦となった「三笠」。

機関講堂での実習風景。海兵団には軍艦と同じ機械装置を備えた実習室があり、機関科の新兵はここで教育を受けた。

海軍館、軍艦見学、映画…人材確保のための諸活動

国民に海軍の活動を理解してもらうため、また優秀な技術者を確保する手段として、海軍は海軍館や軍艦の見学、映画などを活用した。

海軍は陸軍に比べ構成員が少ないながらも必要とする予算が高額であるゆえ、「金食い虫」との批判を諸方面から受けかねず、海軍の状況を広く国民に理解してもらう機会が必要であった。しかも、最新の近代兵器を操る海軍では、水兵個々に至るまでがエンジニアあるいはオペレーターでなくてはならず、優秀な人材を陸軍に先んじて確保する必要もあった。そこで欠かせないのが海軍の広報活動だったのである。

東京原宿の東郷神社に隣接した地には、海軍知識の殿堂というべき**海軍館**があった。「海軍軍事の普及及び海国精神の涵養」を目的として、昭和12年（1937）5月21日に開館した。艦艇や航空機、その他各種兵器類の模型や電動式のジオラマ、実物を中心に、海戦画や歴史的記念品なども展示され、海軍の総合博物館として連日盛況だった。展示手法は現代の海事系博物館にもひけをとらず、日曜・祭日の13時からは映画の映写会も催されていた。当時の子どもだけでなく、大人にも非常に印象深い展示館で、国民一般に海軍を身近に感じさせる役割を果たした館だった。また、鎮守府が置かれた各都市では、戦時を除き、軍港見学と軍艦の拝観ができた。昭和9~10年頃の呉・佐世保軍港見学案内を見ると、個人で5日前、団体は10日前までに「海軍軍事思想涵養の為」と出願をし、観覧の許可を得ることができた。これは最新の科学技術と非日常の世界を体験できる観光イベントであった。観覧時間は月曜、土曜の艦内作業時間を除く8時から16時まで。当時の注意事項として、無許可での写真撮影、模写などのほか、艦内見学での下駄履きも禁じられていた。下駄は響いてやかましいからである。軍港見学は、軍縮条約明けの昭和12年以降、防諜対策強化とともになくなっていった。そして多くの国民が海軍の情報を得た媒体が映画だった。戦時下も大本営海軍報道部や海軍省の映画が多数製作されたが、目的はイメージアップから戦意高揚へと変わっていった。

展示館・軍港見学・映画

海軍の広報活動

海軍館

原宿にあった海軍館。昭和12年(1937)竣工、地上3階、地下1階の建物であった。

海軍館の屋上にあった潜望鏡。

映画

浦賀ドックを舞台にした海軍関係の映画『八十八年目の太陽』(昭和16年・東宝映画)のポスター。

軍艦見学

軍艦見学に訪れた女学生集合写真。大正13年(1924)4月撮影。

(以上写真提供:齋藤義朗)

6-15

海軍と糧食

いかなる食事が供せられていたか

兵員にとって食事は何よりも楽しみの一つであったといわれる。階級によってメニューに差があったとはいえ状況に応じて一般社会以上の食事が用意されていた。

下士官・兵などの食事の総称を**兵食**という。兵食を調理する場所が**烹炊所**《ほうすいしょ》である。烹炊とは、炊事のこと。烹炊作業を担当する**主計兵**（烹炊員）は、「めしたき兵」であった。戦闘などを専門とする兵科の目からは、「主計・看護が兵隊ならば、蝶々、トンボも鳥のうち」と揶揄され、肩身の狭い思いを経験した者が多かった。しかし、烹炊員服務心得の第1項には、「烹炊員ハ食ノ心身ニ及ボス影響ノ重大ナルニ鑑ミ、烹炊作業ニ当リテハ誠心誠意以テ兵員ノ体力ヲ増進シ、食事ヲ楽シマシムルコトニ努力ヲ惜ムベカラズ」と主計科の大切さが明記されている（『烹炊員心得』昭和6年）。

一般家庭で肉を毎日食することが想像もできなかった頃、海軍では、毎日1食は肉料理、1食は魚料理を食べることができた。太平洋戦争前の兵食「**基本食**」1日の献立は、朝は米麦飯、味噌汁、漬物が定番。昼はカレー、牛肉のスープ煮など肉料理が日替わりで登場し、夕食では煮魚、焼き魚、けんちん汁などが提供された（1日あたり食材熱量3410~3600キロカロリー、食事代30銭）。准士官以上は段違いで、朝食は和食一般（味噌汁、焼海苔、生卵、漬物）、昼は帝国ホテル並みの洋食（スープ、魚、肉、野菜サラダ、デザート）、夕食は市中の和食堂の定食程度だが、冬場にはスキヤキなども提供された（以上、艦船部隊勤務例）。食費は1日あたり90銭（朝15銭:昼45銭:夕30銭）だった。

基本食のほか、新兵や予科練など、発育途上の若年者には基本食に加えて与えられる**増加食**、航空機搭乗員の**航空糧食**、潜水艦乗組員の**潜水艦糧食**、病気に罹った者のための**患者食**、戦闘中に配られる**戦闘応急食**、南方などの酷暑で供給される**熱地食**などがあった。特に潜水艦糧食では、過酷な環境に対応すべく米は純白米のみ、ビタミンB1不足に対してはビタミン錠と味噌汁混入用ビタミン食などで補給され、野菜は乾燥野菜、缶詰は缶臭の影響がない鰻の缶詰が重宝された。

海軍の食の光景

烹炊所
魚をさばく烹炊員（＝ベテラン）たちで、前垂（長エプロン）の袖に腕を通すのは新兵。戦艦「長門」兵員烹炊室（昭和初期）。

戦闘応急食
戦闘応急食（にぎり飯）片手に戦闘中の光景。昭和11年特別大演習にて。

基本食
軍艦内の兵食風景。昭和17年頃。カレーライスや肉じゃがといった今日ではお馴染みのメニューも海軍の糧食から一般に広まった。

（以上写真提供：齋藤義朗）

海軍レシピ

チキンライス
空母「赤城」の献立

●材料
白米、圧搾麦、鶏肉、タマネギ、ニンジン、干ブドウ、グリーンピース、トマトケチャップ、塩、コショウ、ラード（豚の油）、スープ（鶏ガラまたはコンソメ）

●レシピ
①白米と圧搾麦を水で研いで置いておく。
②鶏肉を出来るだけ細かく切る。
③タマネギ、ニンジンの皮を剥いて、サイコロぐらいの大きさに切る。
④グリーンピースをお湯で沸騰するまで煮る。
⑤鍋にラードを少し溶かし、①の白米と圧搾麦を加えて炒めながら、②と③を加えてさらに炒めた後でスープ、それにトマトケチャップを加える。
⑥塩とコショウで味付けをして、適度な水加減で暖める。
⑦炊き上がったら出来上がり。

伊太利コロッケ
二等巡洋艦「青葉」の献立

●材料
牛肉、ジャガイモ、ニンジン、グリーンピース、パン粉、玉子（卵黄）、ホワイトソース、ラード（油）、小麦

●レシピ
①牛肉を細かく切って炒めたもの、ニンジン、とジャガイモを細かく切っておく。
②ホワイトソースを糊ぐらいのとろみが出るまで煮る。
③ホワイトソースに①とグリーンピースを加えて、よく混ぜ合わせてから冷ます。
④冷めたら適度な大きさに丸めて、小麦粉・卵黄・パン粉の順で表面を包む。ホワイトソースが軟らかいと丸めにくいので注意が必要。
⑤それをラードで揚げる。
⑥オイスターソースをかけて出来上がり。

［第二艦隊主計課『昭和十年度　研究献立表』より（資料提供：齋藤義朗）］

C-10 Column

海軍用語と略字

海軍には世間では使われていない特殊な言葉や文字があった

日本海軍には独特の用語、言い回しが定着していた。たとえば海軍関連の書籍で現代の関連書籍でも使用される「造修《ぞうしゅう》」という語。艦船の新造と修理を意味する略語なのだが、一般には流通していない。明らかに造語で、広辞苑にも登録がない。

略語のほかに、略字も用いられていた。例えば艦首《おもて》は舟＋首、艦尾《とも》は舟＋尾、右舷《みぎげん》は舟＋右、左舷《ひだりげん》は舟＋左を用い、金属板についても鈑の1字で表したほか、方位盤も1文字で示していた。

これら海軍部内で作字された略字は事務の簡素化の一助となっていた。おそらく現場で定着したもので、海軍が定めた法令・法規類のうち、部外への公開を前提とした『海軍諸例則』には規定がみられない。

海軍工廠等において職工が現場の耳学問で体得した独特の英語（**職英**）もある。ハンマーは「ハマ」、クレーン（起重機）を「グレン」、カーブは「カフ」といった具合で、かつて海軍に籍を置いていたお歴々の話を伺うとき、今なおこのような独特の言い回しを聞くことができる。

用語の例

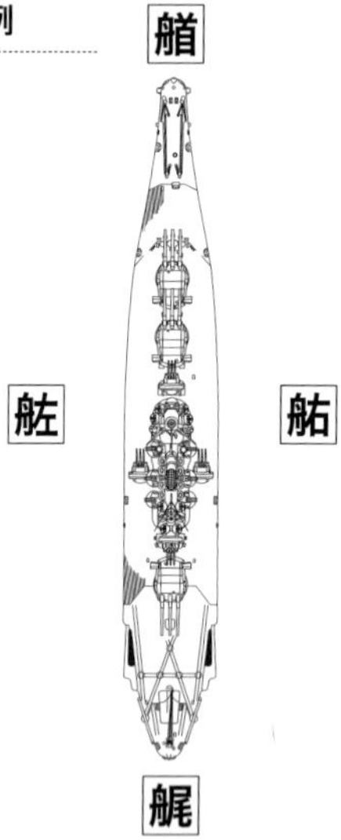

艏 ←艦＋首…艦首（おもて・かんしゅ）
艉 ←艦＋尾…艦尾（とも・かんび）
⿰舟左 ←艦＋左…左舷（ひだりげん・さげん）
⿰舟右 ←右＋舷…右舷（みぎげん・うげん）
⿰舟力 ←舟＋力…カッター
⿰舟内 ←舟＋内…内火艇（ランチ）
⿱位皿 ＝方位盤
鈑 ＝金属板

（文・作図：齋藤義朗）

第七章

作戦史

江華島事件、日清・日露戦争から
太平洋戦争終結までの海軍の作戦について解説する。

7-1 江華島事件

日本海軍初の対外戦

**朝鮮との国交を迫る明治政府は難航する交渉を少しでも有利に運ぶため
軍艦の派遣による示威行動を行ったが軍事衝突へと発展することになった**

明治元年（1868）12 月、明治政府は鎖国政策を採っていた李氏朝鮮に対して新政権樹立を通告するとともに国交と通商、つまり開国を求める国書を送ったが、書式の不備を理由に受け取りを拒否された。明治政府はその後も再三、国書を送ったが朝鮮側が拒絶したことから武力によって事態の打開を図ろうとする征韓論が巻き起こった。

明治 8 年（1975)、ようやく政府間交渉が持たれたが、議論が紛糾し話し合いは暗礁に乗り上げてしまった。そこで明治政府は交渉を有利に運ぶため、朝鮮近海に 2 隻の軍艦「雲揚」「第二丁卯」を測量と航路調査の目的で派遣し軍事的圧力を示すことを決定した。2 隻は 5 月と 6 月にそれぞれ朝鮮近海で行動したのち、いったん帰国した。9 月、「雲揚」は再び日本と清国との航路調査のため長崎を出航、20 日に給水のため江《こう》華《か》島《とう》沖に投錨、乗組員が短艇で上陸しようとしたところ島の砲台から砲撃を受けた。江華島ではこれまでも慶応元年（1966）にキリスト教徒虐殺事件を契機にフランス艦隊と朝鮮軍が交戦、明治 4 年には米商船の略奪行為からアメリカ艦隊と砲撃戦になる事件が起こっていた。

「雲揚」はイギリスの木造汽帆船で明治元年に竣工、明治 3 年に長州藩が購入、明治 4 年に政府に献納された艦で、最初の日本艦隊の 1 隻であった。

江華島から砲撃を受けた「雲揚」の短艇はいったん艦に戻り、翌 21 日、艦が島に接近したところで砲撃戦となった。「雲揚」では 2 艘の短艇に上陸部隊を載せて攻撃をしかけた。22 日も砲撃戦となる一方で再び上陸部隊を派遣し、砲台のある永宗城に突入、武器等の戦利品を得て 23 日に艦に戻り「雲揚」は江華島から引き上げた。この「**江華島事件**」は日本海軍が初めて外国の軍隊と交戦した事件であった。

この事件後、朝鮮に迫り、明治 9 年に日朝修好条規（江華条約）が結ばれたが、その内容を巡って朝鮮国内では守旧派と開明勢力との対立が深まることになった。

江華島事件と「雲揚」

江華島事件を描いた当時の錦絵。武装した「雲揚」（左奥）の上陸部隊が短艇に乗って江華島の永宗城（右）を襲撃する場面が描かれている。

「雲揚」は全長70メートル、排水量245トンで16cm砲1門、14cm砲1門を装備していた。同艦にとって明治7年の佐賀の乱で出撃して以来二度目の作戦行動であった。江華島事件で艦に被害はなかったが2名の死傷者が出ている。

江華島事件に至るまでの経緯

朝鮮に対する明治政府の開国要求 → 朝鮮側の拒絶による交渉の行き詰まり → 日本海軍の艦艇による示威行動（砲艦外交） → 軍事衝突（江華島事件） → 日朝間で江華条約の締結 → 条約締結を巡り朝鮮国内で対立

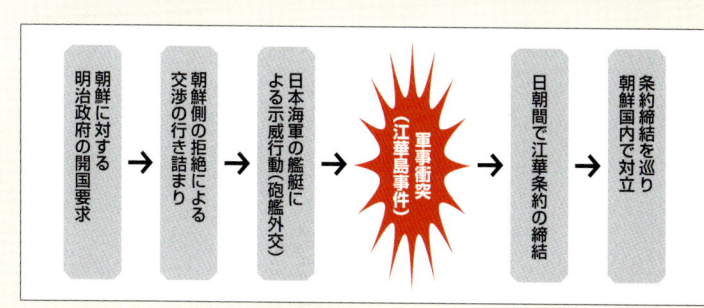

7-2 日清戦争

連合艦隊が初めて編成され黄海での決戦に勝利

朝鮮の内政干渉から軍事衝突に発展した日清両国。兵員と物資輸送のため黄海の制海権確保をめぐる海の戦いが戦争の帰趨を決めることになった。

明治維新後、日清両国は琉球の帰属問題や明治7年（1974）の日本軍による台湾出兵で関係が悪化、朝鮮をめぐっても国交を求める日本と宗主国の清国の対立が深まった。清国は日本に対抗して軍備の近代化を行い、英独に発注した戦艦と巡洋艦などから成る北洋水師を建設、日本も清国を仮想敵国として陸海軍の拡張を進めた。明治27年（1894）、朝鮮で農民反乱（甲午《こうご》農民戦争）が起こると、朝鮮政府の要請で出兵した清国と居留民保護のために派兵した日本は反乱の鎮静後、撤兵問題を巡って対立、日本軍は清国寄りの朝鮮政府を武力で転覆させた。そして清国の軍隊増派を知った日本軍は7月25日、豊島沖で第一遊撃隊が清国の艦艇2隻と交戦（**豊島沖海戦**）、さらに、清国兵を輸送中の英国商船「高陸号」を撃沈、8月1日ついに両国は宣戦布告した。日清両軍とも陸兵を海路で朝鮮に輸送したことから黄海の制海権確保が戦局の行方を左右することになった。そのため、日本軍にとって北洋艦隊は最大の脅威であり、その撃破が日本海軍の課題であった。

日本海軍は北洋艦隊の主力艦で30.5センチ砲（4門）を搭載する戦艦「**定遠**」「**鎮遠**」に対抗して、32センチ砲（1門）を搭載した巡洋艦3隻（「松島」「厳島」「橋立」）を主力とし、**常備艦隊**と**西海艦隊**（警備艦隊）を統合した初の**連合艦隊**を編成した。陸戦は日本軍が優勢な中、連合艦隊は北洋艦隊との決戦をうかがった。しかし、清国は持久戦に持ち込んで欧米列強を仲介に講和を期待し、北洋艦隊の温存を図った。9月17日、北洋艦隊が兵員輸送船の護衛ののち母港の威海衛に帰還の途上連合艦隊と遭遇、艦隊決戦となった（**黄海海戦**）。海戦は速力に勝る連合艦隊が北洋艦隊を翻弄し5隻を沈めて勝利、残存艦艇は威海衛に逃げ帰った。翌29年1月20日から2月にかけて陸海軍共同の威海衛攻略作戦が行われ、北洋艦隊は陸と海からの砲撃と水雷艇の攻撃で壊滅した。制海権を失った清国は陸戦にも敗退、4月の下関条約調印で休戦に追い込まれた。

日清戦争と海軍

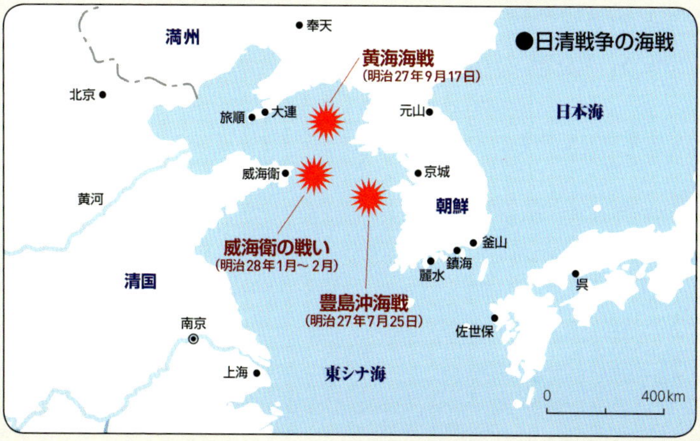

清国北洋艦隊の主力戦艦「定遠」。同型艦の「鎮遠」とともにドイツで建造された。日清戦争前にロシアや日本を訪問し、その威容を見せつけ、日本海軍にとって最大の脅威であった。威海衛の戦いでは日本の水雷艇の雷撃で大破後、自沈した。

同型の「厳島」「橋立」とともに連合艦隊の主力艦だった巡洋艦「松島」。3隻とも「定遠」「鎮遠」を上回る32cm単装砲1門を4200トンの船体に無理やり搭載したため砲撃の際に艦の安定が取れず、黄海海戦では各艦いずれも4～5発しか発射していない。しかし搭載している12門の、射撃速度の速い12センチ砲が威力を発揮、勝利を手に入れた。

黄海海戦を描いた錦絵。画面は樺山資紀軍令部長(左の高い位置に立っている人物)が民間から徴用された「西京丸」に自ら乗り込んで戦況を見守っている様子。

7-3 日露戦争

日本海海戦での歴史的大勝利とドグマとなった艦隊決戦至上主義

日本の周辺海域の制海権の確保を巡って日露両艦隊は総力をもって臨み、雌雄を決する日本海海戦で、連合艦隊はロシア艦隊を壊滅に追い込んだ。

日清戦争後、日本はドイツ・フランス・ロシアの三国干渉により下関条約で獲得した遼東半島の返還を余儀なくされた。さらに朝鮮半島に影響力を強めた日本と、満州に勢力を拡大していたロシアとの緊張関係が高まることになった。朝鮮は大陸進出の足がかりとして日本の国防上重要な位置にあり、朝鮮の権益確保を巡るロシアとの衝突は避けられないものとなった。

事前の日露交渉が決裂、明治 37 年（1904）2 月 8 日に日露戦争が始まった。日本にとって焦点となったのは日本の周辺海域の制海権確保であり、そのために旅順に配備されたロシア太平洋艦隊を封じ込める湾口閉塞作戦が実施された。これは日本の第一艦隊先任参謀の**秋山真之**少佐がアメリカ留学中に米西戦争で観戦した米海軍のサンチャゴ閉塞作戦にヒントを得たものだ。だが三次にわたる作戦（2 月 ~5 月）はロシア側の反撃を受けて失敗している。次にウラジオストクに退避するロシア太平洋艦隊と連合艦隊の間で行われた 8 月 10 日の**黄海海戦**では**東郷平八郎**連合艦隊司令長官が、**丁字戦法**を試みたがロシア艦隊にかわされて失敗したものの海戦には勝利して、ロシア本土から回航される予定のバルチック艦隊（太平洋第二・第三艦隊に再編）が到着する前に制海権を確保できた。そして最大の戦いとなった明治 38 年 5 月 27 日 ~28 日の**日本海海戦**で日本海軍は勝利する。日本海海戦の勝因には次のような理由が挙げられている。ウラジオストクに入港が予想されたバルチック艦隊は最短ルートの対馬海峡を通過するとして、ここに哨戒網を敷き艦隊を配備していた読みが当たったこと。黄海海戦に続いて行った丁字戦法が成功して海戦の主導権を握れたこと。秋山参謀が計画した反復攻撃により、打ちもらした敵艦を追撃して撃破・鹵獲しロシア艦隊を壊滅に追い込んだことなどである。

日露戦争の大勝利は日本海軍にとって**艦隊決戦**至上主義をもたらし、太平洋戦争に至るまで海軍軍人の「ドグマ」となり、柔軟な思考を妨げることになる。

日本海海戦

日本海海戦のさなか、戦艦「三笠」艦上で海戦の指揮を執る東郷平八郎ほか連合艦隊司令部の面々。

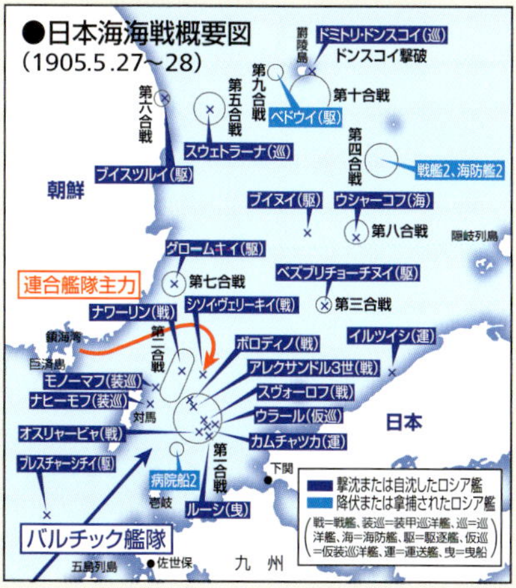

図は5月27日～28日にわたる日本海海戦における戦闘海域の様子とロシア艦隊の被害状況を示したもの。

秋山真之は東郷の片腕として作戦立案で重要な役割を果たし、日本海軍の勝利に貢献した。

水上機の運用、船団護衛…新しい戦争を経験

領土的野心から第一次大戦に参戦した日本。海軍は青島攻略戦では航空機の投入、地中海ではUボートに対する船団護衛に従事するなど新しい戦いを経験した。

大正3年（1914）7月28日、第一次大戦が勃発すると日本はこれをチャンスと捉え、山東半島のドイツ権益を狙って参戦を検討、イギリスとの間で結んでいた**日英同盟**を口実に8月23日に参戦した。当時ドイツは山東半島南部の青島《チンタオ》を中心とする膠州《こうしゅう》湾一帯を租借地としていた。青島は要塞化されており、ドイツ太平洋艦隊の根拠地となっていた。そのため日本は青島攻略を目指したのである。

青島攻略戦は10月31日、陸軍第一八師団によるビスマルク要塞攻撃で始まった。海軍は一等戦艦「周防」を旗艦とする第二艦隊が膠州湾の封鎖、掃海、砲撃支援を行ったが、ドイツ艦隊はすでにイギリス艦隊の襲来を恐れて、一部の艦艇を残して開戦後まもなくに脱出していた。この戦いで陸海軍は初めて航空機を実戦に投入している。海軍のモーリス「**ファルマン**」水上機は水上機母艦「**若宮**」に搭載されただけでなく河川からも発進して、青島のドイツ軍要塞の偵察と爆撃を行っている。戦いは11月8日にドイツ軍が降伏して終結したが、巡洋艦「高千穂」がドイツ水雷艇の雷撃により撃沈されている。

青島攻略戦とともに日本海軍は第一、第二南遣支隊をもってドイツの植民地であったマーシャル諸島やカロリン諸島など南洋諸島の攻略を行ったが、ドイツ軍はこの方面にほとんど守備兵力を置いておらず、日本海軍の陸戦隊によって容易に占領された。また特別南遣支隊は中国沿岸からインド洋などのシー・レーン防衛にも出撃している。さらにイギリスの欧州派遣要請に応えて大正6年（1917）には第二特務艦隊が編成され、4月から翌年11月まで、マルタ島を拠点に地中海の連合国シー・レーンの防衛任務、つまりUボートからの船団護衛を行っている。

青島の海軍航空隊

日本海軍は導入して間もない航空機を青島攻略戦に投入した。「若宮」に搭載された水上機はわずか4機だったが。やがてそれは海軍航空隊へと発展していく。写真はモーリス「ファルマン」水上機を「若宮」に搭載中の様子。

南洋諸島占領と地中海派遣

太平洋およびインド洋方面の派遣艦隊

艦隊	艦艇	任務
第一南遣支隊	巡洋戦艦「鞍馬」(旗艦)、「筑波」、装甲巡洋艦「浅間」、第16駆逐隊、「南海丸」「遠江丸」	マーシャル諸島ヤルート環礁占領
第二南遣支隊	戦艦「薩摩」(旗艦)、二等巡洋艦「矢矧」「平戸」、「幸壽丸」	カロリン諸島方面占領
特別南遣支隊	巡洋戦艦「伊吹」、二等巡洋艦「筑摩」、装甲巡洋艦「日進」	インド洋方面の航路哨戒
遣米支隊	装甲巡洋艦「出雲」(旗艦)、「浅間」、戦艦「肥前」	北アメリカ沿岸の航路哨戒

第1特務艦隊・第2特務艦隊

艦隊	艦艇	任務
第一特務艦隊	防護巡洋艦「対馬」「新高」、二等巡洋艦「矢矧」「須磨」、駆逐艦4隻	喜望峰、東南アジア・インド洋ほかの哨戒
第二特務艦隊	二等巡洋艦「明石」、装甲巡洋艦「出雲」「日進」、駆逐艦「桂」「楓」「梅」「楠」「榊」「柏」「松」「杉」「桃」「柳」「樫」「檜」	地中海での連合国船団護衛

【写真右上】マーシャル諸島のやルート島に上陸した陸戦隊は、島にあったドイツ軍の軍事施設を破壊した。少数のドイツ軍駐留部隊はさしたる抵抗もせずに降伏している。【下】地中海に派遣された第二特務艦隊旗艦の二等巡洋艦「明石」艦上での乗組員の記念写真。

二度の上海事変における海軍の活動とは

満州事変と日中戦争では、勃発後しばらくするとともに、戦火は上海に及んだ。二度の上海事変で、日本海軍はどのような作戦を行ったのか。

《第一次上海事変》昭和6年（1931）9月18日、関東軍の謀略による柳条湖事件を契機に満州事変が始まると、翌年1月には事変は上海に飛び火した。居留民保護のために現地にいた海軍の上海陸戦隊約1000人と国民党軍の第一九路軍との間で戦闘が始まったのである。これを受けて海軍は第一遣外艦隊の兵力を増強、さらに同艦隊ほかを指揮下に入れた第三艦隊を編成、態勢を整える。いっぽう日本では上海への陸軍部隊の派兵を決定、2月中旬以降2回にわたり上海周辺への上陸作戦が実施され、海軍の第二艦隊がその護衛にあたった。この上陸部隊が中国軍を撃破したことで3月3日、停戦となった。なお、この時の海軍の作戦行動では空母「**加賀**」と「**鳳翔**」が始めて出撃し、陸戦隊の上陸支援を行い、飛行隊は上海の公大基地に進出した。これが史上初の空母の実戦参加となった。「加賀」は第二次上海事変でも出撃して上空警戒を行っている。

《第二次上海事変と日中戦争の開始》第一次上海事変後の昭和7年3月には満州国建国、同8年2月日本の国連脱退、9年12月ワシントン軍縮条約破棄と日本は孤立していく。この間海軍では、在中国の日本権益と居留民保護にあたっていた第一・第二遣外艦隊が廃止され第三艦隊がその任に当たっていた。

こうした中、昭和12年（1937）7月7日に盧溝橋事件が勃発、日中戦争が始まった。海軍ではただちに横須賀、呉、佐世保で特別陸戦隊を編成する一方、航空部隊に出撃準備を行わせる。8月に入ると事変は上海にも飛び火し、13日には中国国民党軍が再び上海を攻撃、海軍の第三艦隊、上海特別陸戦隊、陸軍の第一一軍との間で戦闘が始まった（**第二次上海事変**）。この戦いで日本海軍は、台湾から杭州や広徳へ陸攻による渡洋爆撃を行っている。11月になると中国軍は退却を始めたが陸軍は南京に向け追撃を開始、戦闘は拡大する一方であった。こうした中12月には南京上流の揚子江で**「パナイ」号事件**が起こり日米関係は一気に悪化した。

第一次上海事変

第一次上海事変において上海市内の横浜路から一九路軍に砲撃を加える陸戦隊。この付近は列強の共同租界だったが、第一次上海事変を契機に事実上日本が占領することになった。

南陽群島攻略と地中海派遣

「パナイ」号事件とは第二次上海事変後の12月12日、南京上流の揚子江を航行中の中国軍のタンカー２隻とそれを護衛していた米海軍アジア艦隊所属の砲艦「パナイ」号（左写真）を日本海軍第二連合航空隊（九五式艦戦、九四式艦爆、九六式艦爆、九六艦攻なら成る24機）が攻撃し、「パナイ」号を含む2隻を撃沈した事件である。

太平洋戦争①　空母部隊の戦い

「機動部隊」で世界を瞠目させるも マリアナ沖海戦で消尽

ハワイ作戦で華々しい戦果を挙げてスタートを切った機動部隊だったが、ミッドウェー海戦の敗北後、物量に勝る米軍との戦力差は開く一方であった。

対米戦における空母の役割は、当初は**漸減作戦**において米艦隊の戦力を削ぐものだったが、開戦前から航空部隊を主兵として艦隊決戦を行うという構想が浮上したため、基地航空隊とともに一躍重視されるようになった。しかし実際の日米戦では**山本五十六**の主張により直接ハワイ、オアフ島の米艦隊主力を叩くという奇襲による**航空決戦**ともいうべき作戦が実行されることになった。これにあわせて世界初の空母を主体とする**第一航空艦隊**が編成された。ハワイ奇襲の成功により、日本海軍は戦艦の時代から航空機の時代になったことを証明、以後太平洋戦域の戦いは機動部隊が海戦の雌雄を決するようになった。それは昭和 17 年 4 月の**インド洋作戦**、5 月 7 日に日米の機動部隊が初めて激突した**珊瑚海海戦**、さらに 6 月 5 日の**ミッドウェー海戦**で決定的となった。

しかし、このミッドウェー海戦では主力空母である「**赤城**」「**加賀**」「**蒼龍**」「**飛龍**」を一度に喪失する惨敗を喫した。同年の**第二次ソロモン海戦**（8 月）と**南太平洋海戦**（10 月）で機動部隊同士の戦いが行われたが、同時期のソロモン諸島の戦いで日本海軍は基地航空隊を大量に消耗したため、南太平洋海戦以降、空母飛行隊は基地航空隊へと改編された。

昭和 18 年から 19 年前半まで日本海軍の空母による目立った作戦は行われなかった。その間、米海軍では「エセックス」級空母や護衛空母が続々と就役し日米の空母戦力差は決定的なものとなっていた。昭和 19 年 2 月、第一機動艦隊が編成され、6 月の米軍のマリアナ侵攻に伴い、**マリアナ沖海戦**が行われた。しかし、日米の空母戦力差は日本 9 隻、アメリカ 15 隻で、しかも日本側が満を持して実行したアウトレンジ戦法も米海軍のレーダーに捕捉され、「マリアナの七面鳥撃ち」と呼ばれる一方的な惨敗を喫した。マリアナ沖海戦の敗北により日本海軍の空母作戦は事実上の終わりを迎えた。そして日本海軍の航空兵力は 10 月の**レイテ沖海戦**以降、特攻作戦に投入されていったのである。

空母機動部隊の主な作戦

作戦・海戦	日付	日本側参加戦力	戦果	損害
ハワイ作戦	昭和16年 12月8日	空母6隻(約350機)、戦艦2隻、重巡2隻、軽巡1隻、駆逐艦9隻ほか	戦艦8隻(沈没または大破2)、駆逐艦2隻、標的艦1隻、航空機多数に損傷	撃墜29機、損傷74機
インド洋作戦 (セイロン島沖海戦)	昭和17年 4月5日〜9日	空母6隻、戦艦4隻、重巡6隻、軽巡2隻、駆逐艦19隻	空母1隻、重巡2隻、駆逐艦2隻撃沈	艦載機16機損失
珊瑚海海戦	昭和17年 5月7日、8日	空母3隻、重巡7隻、軽巡2隻、駆逐艦12隻ほか	空母1隻、駆逐艦1隻、油槽艦1隻撃沈 空母1隻損傷	空母1隻沈没、空母1隻損傷
ミッドウェー作戦 (ミッドウェー海戦)	昭和17年 6月5日〜7日	空母4隻、戦艦2隻、重巡2隻、軽巡1隻、駆逐艦12隻ほか(機動部隊のみ)	空母1隻、駆逐艦1隻撃沈	空母4隻、重巡1隻沈没、重巡1隻、駆逐艦1隻損傷
第二次 ソロモン海戦	昭和17年 8月24日	空母3隻、戦艦2隻、重巡4隻、軽巡2隻、駆逐艦20隻ほか	空母1隻沈没	空母1隻沈没
南太平洋海戦	昭和17年 10月26日	空母4隻、戦艦2隻、重巡8隻、軽巡2隻、駆逐艦22隻ほか	空母1隻、駆逐艦1隻撃沈、空母・戦艦・駆逐艦各1隻損傷	空母2隻、重巡1隻、駆逐艦3隻損傷
あ号作戦 (マリアナ沖海戦)	昭和19年 6月19日、20日	空母9隻、戦艦5隻、重巡11、軽巡2ほか	空母1隻、戦艦2隻、重巡1隻損傷	空母3隻沈没、戦艦1隻、空母4隻、重巡1隻損傷

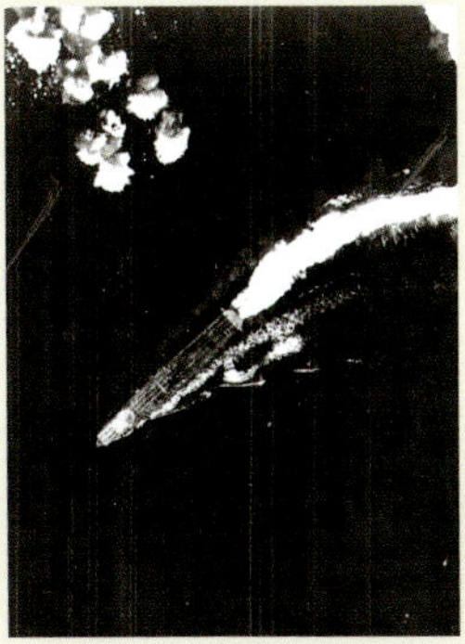

ミッドウェー海戦で米爆撃機の攻撃を回避する空母「飛龍」。

レイテ沖海戦で沈没直前の空母「瑞鶴」艦上。この海戦では、日本の空母には搭載する航空機もほとんどなく、主力水上部隊がレイテ湾に突入するための囮役を務めた。

7-7 太平洋戦争②　基地航空隊の戦い

マレー沖海戦での快勝と ソロモン、ラバウルの航空消耗戦

戦前の構想では航空決戦の主役と考えられていた基地航空隊。緒戦では活躍したものの航空消耗戦に引き込まれ、なけなしの戦力も最後は特攻に投入された。

空母航空隊とともに、航空機の時代を決定付けたのが日本海軍**基地航空隊**であった。昭和 16 年（1941）10 月 10 日の**マレー沖海戦**では、南部仏印の航空基地から発進した陸攻隊がイギリス東洋艦隊の戦艦「プリンス・オブ・ウェールズ」と「レパルス」を撃沈し、航空機が航行する戦艦をも沈められることを証明した。

昭和 17 年 8 月に始まったソロモン諸島の戦いでは、ガダルカナル島の米軍艦艇と航空基地を攻撃するラバウル基地航空隊の陸攻と護衛の零戦が、米軍機との間で長期にわたる消耗戦を展開した。

この消耗戦で基地航空隊は航空機だけでなく歴戦のパイロットの多くを失い、航空戦力の弱体化を招く結果となった。それを補うために空母航空隊を基地航空隊に編入させたが、昭和 17 年から翌 18 年にかけて、連日のラバウル防空戦、ギルバート諸島沖航空戦（昭和 18 年 11 月～ 12 月）、マーシャル諸島沖航空戦（同 12 月）などで物量にまさる米軍の前にさらなる消耗を強いられることとなった。

一方この時期まで、日本海軍は南方を始め占領地に航空基地を建設し、昭和 17 年に蘭印を拠点に陸攻機によるオーストラリア本土爆撃などを行っている。また飛行場の建設が困難な場所では水上機基地が設けられた。たとえばキスカ島の水上機基地が米軍機に対する迎撃に当たっている。

しかし、打ち続く航空消耗戦でパイロットの技量も低下し、昭和 19 年 10 月の**台湾沖航空戦**では米艦隊のほとんどが無傷だったにもかかわらず米空母 19 隻、戦艦 4 隻ほか撃沈という「大戦果」を誤報し、大本営もそれを発表するという失態を演じている。

そして同月のフィリピン戦では第一航空艦隊が事実上の特攻部隊となり、昭和 20 年 4 月～ 6 月の**菊水作戦**では完全に航空特攻一色となったのである。

基地航空隊

昭和16年(1941)12月、フィリピン攻略戦の前哨戦として台湾の高雄基地から出撃する第5飛行集団の零戦(写真上)。
南方の水上機基地に翼を休める九四式水偵。飛行場がなくても基地を設置できることが水上機の利点だった(写真右)。

昭和18年4月、「い」号作戦実施の陣頭指揮を執るためラバウル方面の基地を訪問した山本五十六(写真左)。
昭和17年8月、ガダルカナル島に侵攻した米軍艦艇を攻撃するラバウル航空隊の一式陸攻(写真下)。

太平洋戦争③　水上部隊の戦い

大艦巨砲時代の終焉と小艦艇の死闘

航空機に主役の座を奪われた戦艦は太平洋戦争でほとんど出番がなかった。むしろ駆逐艦など使い勝手のよい小艦艇のほうが活躍したといえる。

日米開戦の数年前までは、日本海軍でも戦艦が艦隊決戦の主役と考えられていた。しかし、開戦前に航空戦力へと中心が移され、ハワイ作戦とマレー沖海戦での航空機の活躍により、大艦巨砲主義の時代の終焉が証明された。以降、水上艦の活躍の場は限られたものとなり、**ミッドウェー作戦**では「**大和**」以下の主力艦の大部分が出撃したものの、機動部隊が壊滅したため水上部隊は戦うことなく日本に帰投している。

昭和17年（1942）8月から始まったソロモン諸島の戦いでは、第一次（8月）、第二次（11月）ソロモン海戦などの海戦が行われた。これらの戦いでは主に巡洋艦部隊や水雷戦隊が投入され、戦艦は10月13日に「**金剛**」「**榛名**」がガダルカナル島の米軍飛行場を艦砲射撃した以外に目だった活躍はしていない。それは虎の子の戦艦を温存したためで、多くの戦艦は日本本土やトラック島に留め置かれていた。一方、巡洋艦以下の艦艇はソロモン諸島や蘭印での海戦で活躍し、特に駆逐艦は水雷戦隊だけでなく輸送任務にも投入されたが、制空権の喪失に伴い多くの艦艇を失った。昭和18年11月には海上護衛総司令部が創設され、わずかながらも駆逐艦・海防艦を南方からの輸送路の防衛に投入したが、米潜水艦と爆撃機の攻撃で多大な損害を被り、多くの商船も失われた。

昭和19年10月の**レイテ沖海戦**では水上部隊の総力を挙げて米軍のレイテ島上陸を阻止するために出撃した。この戦いで「大和」「武蔵」以下の戦艦も出撃したが、10月25日のスリガオ海峡海戦で第一遊撃部隊第三部隊と第二遊撃部隊は米第77任務部隊の丁字戦法により戦艦「山城」「扶桑」ほかを失い、第一遊撃部隊主力も「武蔵」を失ってレイテ湾突入を中止した。昭和20年4月には「大和」による沖縄特攻が行われたが、戦局に何ら寄与できずに終わっている。

ソロモン諸島・レイテ

重巡「鳥海」の探照灯に浮かび上がる米豪艦隊。昭和17年8月8日深夜、第一次 ソロモン海戦にて。この海戦では、重巡と水雷戦隊が、日本海軍の得意とする夜戦で敵を撃破した。

ガダルカナル島へ物資を輸送する駆逐艦部隊。輸送に駆り出された駆逐艦だったが長期にわたる消耗戦により被害が相次いだ。

昭和19年10月24日、フィリピンのスル海で米艦上機の攻撃を受ける第二艦隊の戦艦「山城」。この空襲はうまくかわしたものの、深夜にスリガオ海峡で米艦隊に撃沈された。

軍神

初めは戦争報道のキャッチフレーズにすぎなかった軍神

平安時代以来、源氏が氏神としていた石清水八幡宮の祀神である八幡大神が軍神として広く崇拝されていた。また鹿島神宮に祀られる武甕槌神と香取神社と春日大社に祀られる経津主神も古代から軍神として崇められていた。武士を中心に江戸時代までは日本神話の神が軍神であった。ところが明治時代になって天皇制の下で歴史上の忠臣や武将が再評価される機運が起こり楠正成や新田義貞、また上杉謙信や武田信玄といった武将が軍神として祀られるようになった。こうした流れは武勇に長けた人物が死後、軍神となる道筋をつけたといえる。

日清戦争は明治政府にとって初めての本格的な対外戦争だった。そこで国民の戦意高揚のため新聞社はこぞって特派員を戦地に送り、軍は戦況や戦死者名を発表、マスコミを通じて日本軍の勝利を宣伝するとともに清国に対する敵愾心を煽った。この戦争において陸軍の坂元八郎太少佐や海軍の三浦虎次郎三等水兵ら、壮絶な戦死を遂げた将兵のエピソードがマスコミで大々的に取り上げられ、彼らの最期のエピソードは軍歌や物語になり国民に広まっていった。

続く日露戦争では旅順港閉塞作戦の**広瀬武夫**中佐と遼陽会戦の橘周太中佐（陸軍）の報道で初めて軍神の名が使われた。この二人を境に第六潜水艇遭難事故で殉職した佐久間勉艇長や東郷平八郎元帥も死後、軍神と呼ばれるようになった。しかも佐久間艇長以外の三人はのちに神社が創建され主神として祀られている。

昭和7年（1932）の上海事変でも爆弾三勇士が軍神としてもてはやされた。ところが、昭和14年5月の第二次上海事変で戦死した陸軍の西住小次郎大尉は、軍が公式に軍神として発表した。海軍の公式な軍神第一号は、真珠湾攻撃の特別攻撃隊で戦死した甲標的の搭乗員9名のいわゆる「**九軍神**」である。実際には搭乗員は10名だったが捕虜になった1名は、発表の時には存在そのものが消された。

このように近代日本軍における軍神は、戦争報道の手段として軍神というキャッチフレーズを使い始めたのが発端だが、それに目を付けた軍が自ら軍神として発表するようになったのである。

広瀬武夫中佐。橘中佐とともに初めて軍神の名を冠せられた軍人である。

東京·神田の万世橋駅前にあった広瀬中佐の銅像。写真は明治44年4月の様子。銅像は明治43年(1910)に建てられ東京の名所のひとつとなったが、昭和22年(1947)に撤去された。

九軍神を描いた油彩の戦争絵画。日本軍の攻撃を受け、米艦隊が炎上するフォード島周辺の光景を中央に、9人の甲標的搭乗員が描かれている。

寫眞週報
情報局編輯 十一月十五日・第三四七號
一機命中に 神州を護持す
あゝ 神風特別攻撃隊
忠烈 萬世に燦たり

昭和19年(1944)10月のレイテ戦で、関行男大尉は初の神風特別攻撃隊の指揮官として戦死、その戦果は大々的に報道され、敷島隊の5名が軍神となった。写真は『写真週報』第三四七号(昭和19年11月15日発行)の表紙を飾った関行男大尉。

7-9

太平洋戦争④　潜水艦作戦

哨戒任務を中心に多彩な任務をこなす

ハワイ作戦での哨戒任務から戦争末期の「回天」輸送まで、潜水艦部隊は水上艦隊の補助的な位置づけながらもその隠密性を生かして多彩な任務をこなした。

開戦時、潜水艦部隊は第六艦隊の指揮下に置かれていた。開戦劈頭の**ハワイ作戦**では、各潜水隊がオアフ島周辺に哨戒網を敷き、真珠湾を脱出する米艦艇の追撃などを任務とした。また、特殊潜航艇の第一特別攻撃隊による真珠湾襲撃が実施された。以降も潜水艦の任務は哨戒が主で、昭和 16 年末から 17 年にかけてハワイと米本土間、米西海岸沖、オーストラリア東方海域などで通商破壊戦が行われたが、ドイツの U ボートのような大規模なものではなかった。これは水上艦隊の脆弱なドイツ海軍が潜水艦作戦に特化していったのに対し、日本海軍は機動部隊を中心とする強力な水上艦隊を擁していたため、潜水艦は二次的な任務を担っていたからである。開戦前の漸減作戦においても艦隊決戦前に敵艦隊への接敵による減殺がその役割であった。そして昭和 17 年中頃から始まったソロモン諸島の戦いで水上艦艇の喪失が増大すると、ガダルカナル島への補給作戦に潜水艦が投入された。同様の潜水艦輸送は翌 18 年に制海権を失ったアリューシャン列島のアッツ・キスカを始めしばしば行われている。

また潜水艦の隠密性を生かして敵の勢力海域に進出し、たとえばニューカレドニアのヌーメアなど敵基地の偵察を行っている。その際、乙型潜水艦に搭載された水偵がしばしば使われたが、偵察だけでなく米豪本土に対して爆撃や潜水艦の砲撃も行われた。ハワイ作戦で初めて投入された特殊潜航艇は、昭和 17 年 5 月 30 日に第二次特別攻撃隊がオーストラリアのシドニー湾とマダガスカル島のディエゴスワレス港に同時攻撃を行ったほか、ガダルカナル島のリンガ泊地の奇襲、昭和 19 年のフィリピン戦での通商破壊戦などにも投入された。

昭和 19 年後半、潜水艦は主に「**回天**」作戦に「回天」の輸送のため投入されるようになった。そして潜水艦の最後の作戦となったのは、昭和 20 年 7 月、特殊攻撃機を搭載した潜特型と甲型改二からなる第一潜水隊のウルシー環礁攻撃（「嵐」作戦）だったが、攻撃直前に終戦を迎えている。

潜水艦の戦い

昭和17年、伊号潜水艦による「米本土砲撃」の場面として報道で使用された写真だが、実際には夜間の砲撃演習の場面といわれる。とはいえ米本土攻撃は実際に行われ、敵を攪乱する心理的効果があった。

昭和17年(1942)9月15日、ソロモン諸島を哨戒中の伊一九(乙型)が米空母「ワスプ」(左)に魚雷6本を発射、うち3本が「ワスプ」に命中して沈没、残り3本が後方の戦艦「ノースカロライナ」と駆逐艦「オブライエン」(中央)に命中した。

特殊潜航艇作戦一覧

作戦	作戦期間	出撃艇数	戦果
真珠湾攻撃	昭和16年12月8日	5	不明
シドニー湾攻撃	昭和17年5月31日	3	宿泊船1隻撃沈
ディエゴスワレス港攻撃	昭和17年5月31日	3	戦艦1、油槽船1に損傷
キスカ島港湾防備	昭和17年7月～昭和18年7月	6	なし
ルンガ泊地攻撃	昭和17年11月6日～12月13日	8	輸送艦3、駆逐艦1に損傷
ミンダナオ海哨戒	昭和19年11月～20年3月	8	駆逐艦3、輸送艦6、水上機母艦1、その他2撃沈、駆逐艦1損傷
沖縄戦	昭和20年3月25日～4月7日	6	駆逐艦1撃沈

1960年に引き揚げられた真珠湾攻撃の特殊潜航艇。

7-10 太平洋戦争⑤　特攻作戦

航空、水中、水上…総力で実施された特攻

マリアナ沖海戦の敗北を境に海軍中枢部は通常の作戦を捨てて特攻作戦の実施を開始したが、やがてそれは恒常的な戦法となっていた。

昭和19年（1944）6月のマリアナ沖海戦の惨敗で空母航空隊が壊滅すると、海軍は通常作戦が行えなくなった。そこで軍令部は次なるレイテ戦で航空特攻の実施を計画、基地航空隊の第一航空艦隊司令官に決まっていた**大西瀧治郎**中将に航空機による敵艦への体当たり、つまり航空特攻を実施させることにした。こうして**神風特別攻撃隊**が編成され、10月21日の初出撃以降、「大和隊」「敷島隊」「朝日隊」「山桜隊」は悪天候などにより接敵できなかったが10月25日、米護衛空母部隊に遭遇、護衛空母「セント・ロー」の撃沈に成功した。軍令部は特攻隊の戦果を大々的に公表し、以後航空特攻が恒常的な作戦となっていった。

一方、同じく昭和19年、「甲標的」搭乗員の若手士官らから軍令部や海軍省軍務局に「人間魚雷」による特攻実施の意見具申が行われた。その案は認められなかったものの脱出装置を付ける条件で試作が許可された。昭和19年2月から開発が始まり7月下旬には試作艇の試験が行われた。7月のマリアナ失陥による海軍上層部の考えの変化から8月、人間魚雷は兵器として採用され「**回天**」と命名された。試験が行われていた山口県大津島に基地が開設され搭乗員の訓練も行われた。「回天」は10月下旬に初出撃し、11月20日にウルシー環礁で米油槽艦「ミシシネワ」を撃沈、以後、終戦まで作戦が実施されたが、敵の警戒が厳重となり戦果は挙がらなくなった。昭和19年後半には神風特別攻撃隊や「回天」の作戦と並行して人間爆弾「**桜花**」や水上特攻艇「**震洋**」など新たな特攻兵器の開発が始まった。昭和20年4月の米軍の沖縄侵攻に呼応して菊水作戦が始まると、特攻一色となり「桜花」も投入された。やがて連日の特攻により零戦や艦攻、艦爆などの現用機が不足して練習機まで投入されたが、米軍の警戒網に捕捉され、そのほとんどは敵艦にたどり着く前に撃墜された。この時期になると、来るべき本土決戦に向けて航空・水上・水中のあらゆる兵器が特攻作戦に投入すべく準備されていたのである。

神風特攻隊と回天作戦

水中特攻

(写真右)ウルシー環礁で「回天」が命中して爆発炎上中の米油槽艦「ミシシネワ」(昭和19年11月20日)。(写真上)「ミシシネワ」の沈没後、「回天」に爆雷を投下する護衛駆逐艦。

航空特攻

米正規空母「エセックス」に特攻機が命中した直後の一枚(昭和19年12月25日)。

米軽空母「ホワイト・プレインズ」に体当たりする直前の零戦(昭和19年12月25日)。

特攻作戦の戦果と出撃数

特攻機による連合軍艦艇の被害	
沈没	護衛空母3、駆逐艦18、揚陸艦17、駆潜艇1、輸送艦5、貨物船3、油槽艦1、上陸支援艇2、給油艦1、給弾艦2、掃海艇5、魚雷艇2、曳き舟1/計61隻
大破	空母6、軽空母1、護衛空母6、戦艦5、重巡4、軽巡4、駆逐艦30、揚陸艦5、上陸支援艦3、輸送艦5、貨物船4/計73隻
損傷	空母3、駆逐艦33、揚陸艦4、水上機母艦1、輸送艦3、掃海艇5/計49隻　この他小規模な被害の艦艇多数。

特攻機の機種別出撃数(単位:機)	
戦闘機	零戦(爆装)931、月光2
艦爆	九九式艦爆156、彗星285、流星36、九六式艦爆12、その他12
艦攻	九七式艦攻95、天山49
爆撃機	一式陸攻88、銀河202
偵察機	水偵51、彩雲1
練習機	中間練習機11、白菊115
その他	零式水上観測機23、桜花82
合計	2151機

米艦艇の被害は特攻初期のフィリピン戦で大型艦が、警戒が厳重になってからは沖縄戦で小艦艇が多い傾向にある。また特攻機はあらゆる機種に及んでいることが分かる。

資料①

海軍軍事費の推移（陸軍との比較）

グラフから読み取れる海軍予算の規模と変遷

海軍予算は、①**一般会計予算**、②**特別会計予算**、③**臨時軍事費特別会計予算（臨軍費）**に大きく区分される。①は、各年必要諸経費、②は海軍火薬廠・同燃料廠事業経営および工廠の材料・物品購入備蓄予算。そして戦時に設置されるのが③である。事変・戦争の発生から終結までを一会計年度とし、必要経費の細目を示すことなく総額だけを議会の協賛で決定した。一般会計とは別経理のため、戦時には一般会計の陸海軍省所管経費が減少している。臨軍費は、日清戦争、日露戦争、第一次大戦・シベリア出兵、日中戦争～太平洋戦争の4回設置された。

海軍費の推移をみると、国家財政の70パーセント近くに達した日清戦争2か年の軍事費のうち、海軍費は2377万円、陸軍費は2042万円でほぼ同額。ただし、当時の構成員比で海軍は陸軍の1/6に過ぎなかった（216頁資料②参照）。日露戦争を経て第一次大戦後の海軍軍備拡張の時代、**八八艦隊計画**が予算化されると、大正10年（1921）度の海軍費は4億8359万円となり、陸軍の約2倍、国家財政総額の30パーセントを占めるに至っている（人員比海軍：陸軍＝1:2.5）。しかし大正11年、ワシントン海軍軍縮条約の成立とともに**海軍休日**の時代に突入すると、海軍費は減少の一途をたどる。増加に転じたのは、昭和12年（1937）の軍縮条約失効を見越した第二次補充計画が発足する昭和9年度からであった。戦艦「大和」「武蔵」建造費を含む**第三次補充計画**（㊂

海軍一般会計予算の編成の流れ

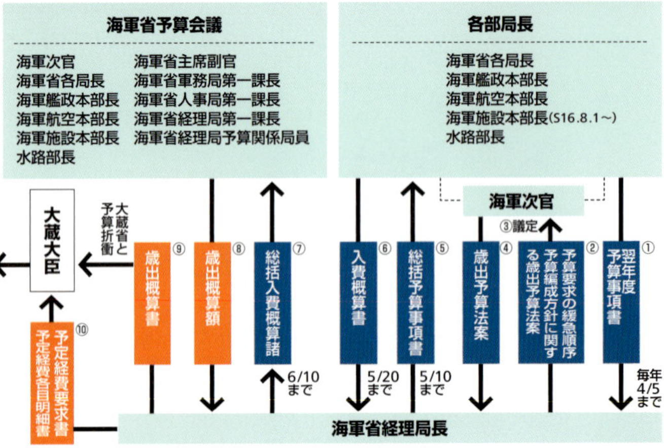

（作図：齋藤義朗）

計画）や**昭和 14 年度海軍軍備充実計画**（**四計画**）発足後の昭和 15 年度海軍省所管経費は、10 億円を超え、太平洋戦争中は、国家財政総額の 70 パーセント台後半から 85 パーセントという尨大な軍事費が投入された。

構成員の少ない海軍が陸軍より多額の予算を必要とした背景には、個々の装備価格の差があった。艦船抜きに語れぬ海軍で、駆逐艦 1 隻約 1700 万円であるのに対し、陸軍は九七式中戦車（車両のみ）1 両が 14 万 7000 円。三八式歩兵銃は 1 挺 80 円、鉄帽 1 個 8 円 55 銭であった（いずれも昭和 16 年当時の価格）。

軍事費の内訳と変遷（明治24年～昭和20年）※グラフ外郭線が陸海軍総員

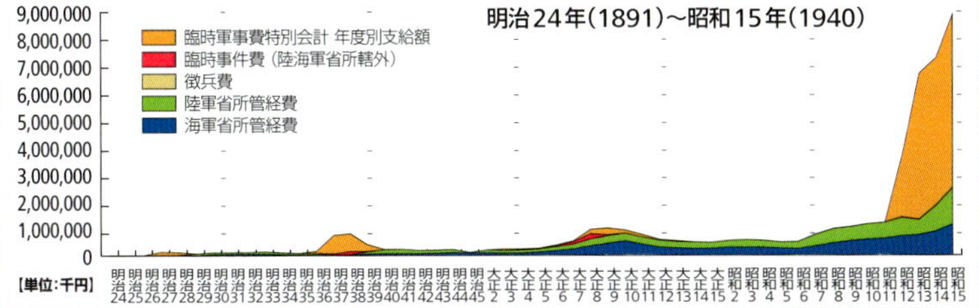

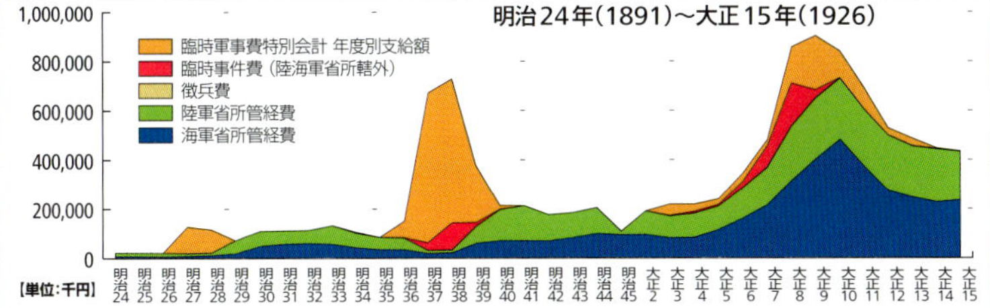

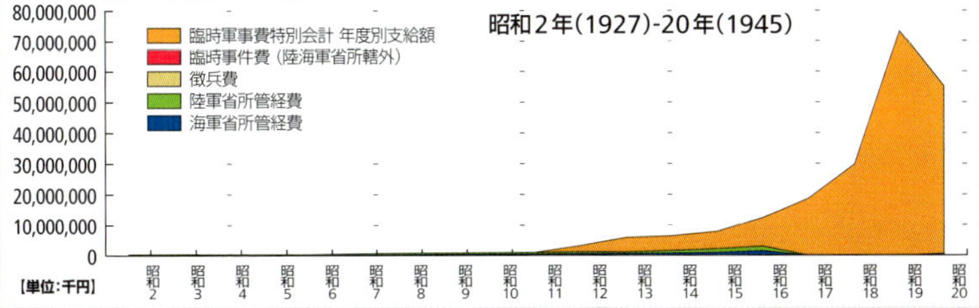

※陸軍装備価格については、昭和 16 年 12 月「兵器臨時価格表（甲）」（陸軍兵器本部作成、所蔵：国立国会図書館）、海軍装備価格は、日本造船学会編『昭和造船史（第 1 巻）』（昭和 52 年、原書房 明治百年史叢書）に拠った。
〔資料〕総務庁統計局監修、日本統計協会『日本長期統計総覧 第 5 巻』より
陸海軍省諸関係費……陸海軍省の一般会計における経常部および臨時部の歳出合計額。**徴兵費**……府県費あるいは内務省経費（大正 2 年以降）に計上されたもので「軍事費」とみなした。**一般会計臨時事件費**……戦争、事変等に対する一般会計の臨時部からの支出（例：○○事件費）。**臨時軍事費特別会計**……「臨軍費」：日清戦争、日露戦争、第一次大戦・シベリア出兵、日中戦争・太平洋戦争の計 4 回設置
*昭和 16 ～ 20 年の陸・海軍省別所管経費は、『日本長期統計総覧』（P524「軍事費」）と海軍省一般会計（『海軍 第 14 巻』P249）を基に算出。
（データ・グラフ調整：齋藤義朗）

【参考文献】『海軍』全 15 巻（史料調査会海軍文庫監修 誠文図書 1981 年より
「陸海軍経費一覧（自維新～至議会開設）」第 2 巻 p.98、「明治 24 年度以降帝国国費と海軍費・陸軍費の対比（決算）」（第 14 巻 p.250）など

資料 ②

海軍軍人数の推移(陸軍との比較)

海軍の構成員数は陸軍に比べどの程度の規模だったのか？

海軍と陸軍とは、一般に「日本陸海軍」と並び称されるため、構成員数が同規模の集団と誤認されてしまうことがある。常備兵力を示す際、陸軍が総人数で示されるのに対し、海軍では保有艦船の総排水量トン数で示されてしまうため、正確に比較する機会が少ないというのも一因であろう。あらためて**軍人**と**軍属**（文官、雇員、雇人等）をあわせた構成員数をグラフで示すとその差は歴然である。

師団制が導入された明治25年（1892）の陸軍は7万2237人、海軍1万2978人で陸軍：海軍の構成員比は5.6：1、八八艦隊計画が予算化された大正9年（1920）は、陸軍27万5028人、海軍8万3668人で3.3：1の比率である。

海軍の場合、艦船などをはじめ近代科学の粋を扱うため、全員がひとかどのエンジニアあるいはオペレーターでなければならない。その養成課程は一朝一夕というわけにはいかず、いきおい、少数精鋭の集団となっていくのである。なお、前項の軍事予算を人数比で比較すると、全期間を通じ、1人あたりの予算は海軍が陸軍の数倍高い数値となる。一部陸軍関係者から海軍が「金食い虫」と揶揄されたゆえんである。

大正11年(1922)のワシントン海軍軍縮条約からはじまる軍備整理の時代には陸海軍とも構成員数が減少あるいは停滞している。それが目に見えて増加に転じるのは昭和12年(1937)の軍縮条約明け(無条約時代)からである。

終戦時、昭和20年（1945）の構成員数は、陸軍547万2400人、海軍186万3000人、総計733万5400人であった。当時約8000万人あった日本の人口の10パーセント弱が軍に従事していたことになる（**動員学徒**等はこれに含まれていない)。まさに「**国家総動員**」で総力戦に突入していたことが数値からも見えてくるのである。

陸海軍構成員数変遷表　明治12年(1879)～昭和20年(1945)※グラフ外郭線が陸海軍総員

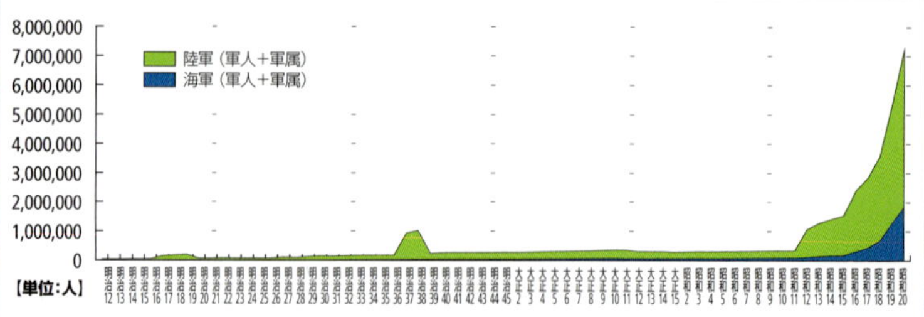

〔資料〕陸軍省「陸軍省統計年報」、海軍省「海軍省年報」、内閣官房「内閣官房70年史」
明治31年以前の陸軍軍人及び昭和10年以前の海軍軍人は「現役」の兵員数。明治32年以降の陸軍総数及び昭和12年以降の海軍総数は、明治期は編成定員、大正期以降は予算定員の数値・明治37·38年及び昭和12年以降の各年は動員総人員(含、死亡者)とし、一部推定を含む。明治32～33年及び昭和7,8,11年の各年は推定数。昭和11、13·14年の海軍総数は、海軍軍人のみの数値(『日本陸海軍事典』[新人物往来社] 付表5による)。ほかは日本統計協会『日本長期統計総覧5』(1988)による。
(データ·グラフ調整:齋藤義朗)

【参考文献】『日本長期統計総覧5』(日本統計協会編 日本統計協会 1988)より「陸海軍の兵員数(明治9年～昭和20年)」p.527-528。

索　引

【あ】

【か】

【さ】

【た】

【な】

【は】

【ま】

【や】

【ら】

【わ】

【数字】※兵器名と軍備計画名のみ

【アルファベット】

歴群[図解]マスター　**日本海軍**

2010年11月8日　第1刷発行

編　者：歴史群像編集部

発行人：土屋俊介
編集人：新井邦弘

編集長：星川　武
編　集：時実雅信
デザイン：飯田武伸

発行所：株式会社 学研パブリッシング
〒141-8510 東京都品川区西五反田2-11-8
発売元：株式会社 学研マーケティング
〒141-8510 東京都品川区西五反田2-11-8

印　刷：凸版印刷株式会社／製本：株式会社若林製本工場

[この本に関する各種お問い合わせ先]

◉電話の場合　◎編集内容については　TEL 03-6431-1509 (編集部直通)
◎在庫、不良品(落丁、乱丁)については　TEL 03-6431-1201 (販売部直通)
◎学研商品に関するお問い合わせは　TEL 03-6431-1002 (学研お客様センター)
◉文書の場合　〒141-8510　東京都品川区西五反田2-11-8
学研お客様センター『歴群 [図解] マスター 日本海軍』係

[学研の書籍・雑誌についての新刊情報・詳細情報は下記をご覧ください。]
学研出版サイト　http://hon.gakken.jp/
歴史群像ホームページ　http://rekigun.net/